庭院软装

COURTYARD SOFT DECORATING DESIGN

主编 张向明

江苏凤凰科学技术出版社

目录
CONTENT

第三节 植物配置

第四节 庭院中花盆的应用

第五节 地面铺装

第六节 庭院照明

案例赏析

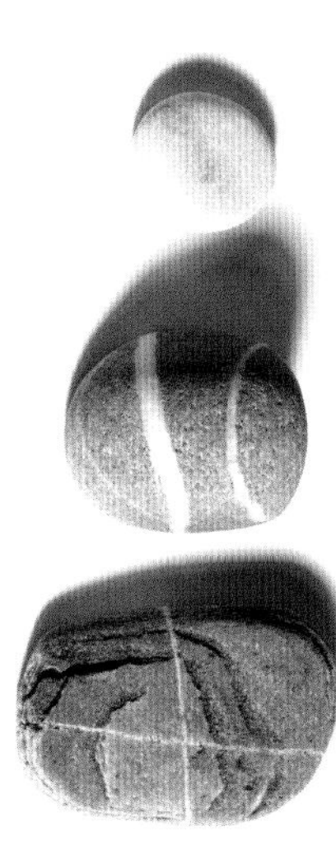

有一种幸福 是家的模样

THERE IS A KIND OF HAPPINESS, IT IS THE HOME-LIKE

受访者张向明花园设计事务所
设计总监张向明

张向明 DAVID
资深花园设计师，从业十一年。
2000-2004 年东华大学环境艺术设计系
2004-2007 年中国风景园林规划设计研究中心 设计师
2008 至今 张向明景观设计事务所 设计总监
2012 年国际景观设计大赛金奖
2012 年国际景观设计大赛银奖
2012 年新锐景观规划师
2011 年国际景观设计大赛优秀设计奖
2011 爱尔兰 SLANT 园艺大赛入围

主要作品：
金奖作品：张家港怡佳苑
银奖作品：兰乔圣菲
优秀设计奖：同润加州
样板庭院：万科翡翠、绿地锦天府、绿地秋霞坊、绿地公元 1860、绿地逸湾
私人项目：万科翡翠、檀宫，世茂佘山庄园，古北佘山国际别墅，观庭，万科蓝山，绿洲比华利，中星湖滨城，花语墅，佘山三号，新律花园等

儿时的老家，没有高楼大厦，没有水泥地板，破旧的瓦房是唯一的栖息地，花园只是语文课本里和电视上才能看到的东西，但是每家每户用篱笆围成的小院子，却是儿时的快乐天地。而如今，身居不夜城的高楼大厦里，每天睁开眼只能看到铜墙铁壁、钢筋水泥，花花草草只能放到阳台上养。突然怀念儿时的院子，那里有真实的草坪、有凉快的秋千、有我们的嬉闹，随便撒下几颗种子，半月不到就已爬上篱笆墙，开出美美的姹紫嫣红的花。

突然想起陈丹青老师在同济大学关于《心理景观、建筑景观与行政景观》为主题的演讲，他说：在纽约居住了 18 年之后，突然发现苏州园林美极了。如果听过或者看过这个演讲内容的人，也许会真正理解陈老师的这句话，这句话道出了一个影响景观设计的新因素——心理景观。当城市建筑越走越高，乡村建设趋于成熟，曾被摧毁的“院子”经历了岁月的洗礼，也许早被时间氧化，但却拦不住它卷土重来；当你对生活居所的不满足上升到精神层面的需求，那不是一幅西方油画、一堆昂贵的红木所能代替的，你也会怀念家乡的小院子，你会想到要有一个小花园而不是狭窄的阳台，它是家居生活在户外的延伸。如果说，房子是天空，花园是背景，那么具有蓝色背景的天空，如何才能衬托出居所的魅力？不妨让我们静下心来，一起倾听花开的声音。

问：当人们逐渐接受室内软装设计之后，一个新的设计概念风潮顺势席卷而来，那就是“户外软装”。当然，户外软装这个新兴的名词还没有明确的定义，我们作为行业的初学者，知悉您在庭院（花园）景观设计这一领域深有研究，对于“户外软装”这个概念，您是怎么理解的？

张：户外软装或者说花园软装是这两年出来的新专业，跟室内软装基本是同一个范畴，区别是空间由室内转向了户外，简单概括一下就是为园林景观空间搭配户外家具灯具和饰品，使之符合某种主题氛围或满足某种生活情趣诉求。

我们从 2008 年开始做花园设计，服务过数百户私家花园客户。有的花园做好后，陪同业主去挑选户外家具、灯具和饰品，利用我们的专业眼光让花园最终呈现的效果在视觉上更美观、功能上更完备，若干年后我们才幡然醒悟，原来那就是我们现在所说的“户外软装”。

个人认为户外软装是以空间功能为前提和依托的，“皮之不存毛将焉附”。我们做每一个项目的时候，首先要研究每一个空间的功能，上一级设计单位他们想表达什么？这些问题必须彻底搞清楚，有人认为户外软装就是简单地往空间里填家具就 OK 了，其实远非那么简单。

一个完美的项目得以呈现需要各方的一起努力，我们的上一层，空间规划与设计尤其重要，比如尺度和比例等等，如果这些大的方面出了问题（实际上我们在工作中经常遇到），景观软装的首要目标就不得不变成了“遮丑”，掩盖空间设计的不足。

户外软装，我把它大致归纳为四重境界：
第一层就是刚才所说的，弥补空间设计的不足，遮掩硬伤——遮丑；第二层，满足空间的基本功能——好用；第三视觉享受——好看，第四精神享受——愉悦。

问：我遇到很多家装的业主，常常对室内软装产生怀疑，也总会听到这样的质疑：室内软装不是室内装潢吗？在这里想请教一下张总，您觉得“户外软装”同等于户外装潢吗？或者是户外装饰？

张：户外装潢这个词并没有广泛使用，只是小部分业主的臆造，并不专业，通俗准确一点地讲应该就是“花园装修”吧。

近些年，由于房地产陷入低谷，又不能降价销售，为了增加别墅项目含金量和价值感，开发商们纷纷推出买房送“精装庭院”的概念，类似于室内的精装修交付。精装庭院包含了花园里的硬质工程，如园路铺装、水池、景墙、花坛等等；另一部分就是绿化植物，各种乔灌木花卉等等。但是这些还不够，户外软装又加入了户外家具和饰品，隐含了某种主题和故事，满足了人们精神和视觉上更高层次的需求，所以说“户外软装”是花园装修、户外装潢的升级版，二者不可同日而语。

问：一个花园设计包含着诸多元素，如设计风格、设计主题、客户定位、景观装饰元素等。在庭院（花园）景观设计时，无论是从方案设计还是现场施工，都需要考虑到这些因素，在诸多因素中，不能忽视的有哪些？（即对于一个花园设计，应着重注意什么）

张：你刚才提到的这些确实都是非常重要的考虑因素。首先是风格，虽然现在提倡混搭，但是也得混得好、混得自然。一座花园应该选择什么样的风格，通常可以从两个方面去判断：第一，遵从建筑风格，与建筑一脉相承；第二，与室内装修风格一致，室内风格通常是主人个人喜好、审美趣味的体现，经过慎重筛选过的。所以花园按上面两条思路去选一般不会有错。

设计主题和装饰元素要充分研究业主喜好，多沟通，这往往跟他们的出身、教育、游历等人生经历息息相关。

问：作为首家在国内推出户外客厅、户外餐厅、户外厨房、户外淋浴等概念的花园设计公司，您率先提出的“花园是家居生活在户外的延伸”口号，倡导将花园融入生活，创造兼有观赏与实用功能双重价值的花园，这样的理念在业界引起巨大反响并很快被客户接受，越来越多的同业者引用并推广这样的理念。在您的设计作品中，您是怎么做到让花园变为以实用功能为主载的全新户外家居生活模式，能否跟我们分享一下？

张：首先声明这套理念不是我发明的，我没有那个能力发明并引导一种户外生活方式，这个在欧美国家已经实践了几十年，是一种健康的、被大多数人接受并且欢迎的生活方式，所以准确地讲应该是我们率先引入了这套理念。

其实七八年前我们在跟客户阐述这些理念想法的时候，曾经遭遇到很多阻力和否定。比如我们跟客户讲“我们给您在花园里规划了一个户外会客厅，您可以在这里接待朋友，在户外环境下品茶、聊天，即使抽烟也不用顾忌……”话还没说完，就被打断：“户外会什么客，外面没有空调，没有音响，没有电视。”“我们住别墅，有那么大的客厅，还跑到外面去会客，有没有搞错……”“外面一下雨，那些沙发垫子还要让阿姨往回收，实在太麻烦了，我们不需要”。

针对户外餐厅，得到最多的回答是“我们不要在外面吃饭，外面灰尘那么大，盘子一摆上去就落了灰……”“那些锅碗瓢盆盘子碟子什么的，用一次要从厨房里往外搬一次，好麻烦的”“我们家一年烧烤就那么一两次，没必要……”

后来在我们不厌其烦地努力下，终于有一部分客户逐渐接受了，并且愿意尝试。再后来，不断有好的作品建成，受到赞誉和好评，其他同行和客户开始模仿。现在跟客户沟通方案的时候，就顺畅多了，不需要再花费很多时间去解释这些概念了。

问：室内环境与户外景观相辅相成，如果说户外景观是室内环境的一种视觉延伸，是否说明了户外景观设计师要完全掌握室内设计方面的知识并兼具其素养？您对将要从事花园软装设计的同行有什么意见或建议？

张：你的问题戳中了我的痛点。从去年年初开始，我就在各大招聘网站上发布了景观软装设计师的招聘信息，前前后后面试了几百号人，很难很难招到合适的人选。

因为什么？这个专业对人才要求相当苛刻，首先软装设计本身就需要较高的审美修养和品位，对风格、色彩、质感、流行文化等等非常敏感，这就基本锁定他（她）必须是艺术类或者最好是环艺专业毕业；第二因为花园属于户外空间，他（她）得有景观设计的背景和工作经历，熟悉植物习性和配置；第三花园属于家居空间，花园的尺度接近室内空间，现在联排别墅花园普遍都不超过200平方米，跟室内面积相当，有的还要小一些。如此小空间里的景观就要求你得把设计做精细，把施工做精致，甚至每个立面都要像室内的房间立面一样去仔细推敲，如果有室内设计室内软装工作经历做起来就轻松得多。所以要做好花园软装，至少具备艺术审美、景观设计、室内软装三个方面的积累。

第一章 庭院软装设计概述

COURTYARD SOFT DECORATING OUTLINE

第一节 何为庭院软装
What is the Courtyard Soft Decorating

1. 概念背景
Concept Background

1943 年，美国心理学家亚伯拉罕·马斯洛（Abraham H. Maslow）在其论文《人类激励理论》提出了对后世影响深远的马斯洛需求层次理论，被广泛用于各个不同的领域。在马斯洛需求层次理论中，他将人类需求按照阶梯一样从低到高按层次分为五种，分别是：生理需求（Physiological needs）、安全需求（Safety needs）、爱和归属感（Love and belonging）、尊重（Esteem）和自我实现（Self-actualization）五类。

这套理论同样可以迁移到人们对于居住环境的追求面：随着经济发展与生活水平的提高，居有其屋的人们在满足了基本的生存需求、安全需求之后，开始将目光投向更高层次的爱和归属感、尊重以及自我实现，亦即生活居住品质的提升。这种追求催生了与现代人居环境相关的一系列学科，诸如景观设计、建筑设计、室内设计等等。人们重视居住内部环境空间的摆设、布置，继而将需求范围扩大到庭院景观的营造装饰方面，于是设计领域中一个新的概念出现了，这就是“庭院软装”。

2. 从室内软装到庭院软装
From the Interior Decoration to Courtyard Soft Decorating

“软装”一词，更多地用于室内设计领域，涉及整体环境、空间美学、陈设艺术、生活功能、材质风格乃至居室宜忌等多种复杂元素，室内的软装设计以家具、装饰画、陶瓷、花艺绿植、布艺、灯饰及其他装饰摆件为主。每一个区域、每一种产品都是整体环境的有机组成部分，在商业空间环境与居住空间环境中所有可移动的元素统称软装，也可称为软装修、软装饰。原有的室内软装范畴包括家庭住宅、商业空间如酒店、会所、餐厅、酒吧、办公空间等等，可以说覆盖到任何有人类活动的室内空间。

但如果在这个原本用于室内的概念前面加上“庭院”的前缀，指的又是什么呢？“庭院软装”这一概念显然与原有的室内范畴的软装概念有所不同，它指的是在庭院空间之中，对一个场景或者一片区域所设计的软装饰，旨在营造更为舒适、更高品质的室外景观空间。

人居环境设计从室内到庭院，顺应的是人们居住活动空间从室内到庭院的回归趋势。从庭院到室内，是人类居住历史上的一大变革，它让人们得以不受自然冷热的制约，有了更舒适宜人的居住空间；而从室内到庭院，体现的则是一种亲近自然的本性追求，也是人们生活理念的进一步提升。

庭院软装需求的产生使得庭院软装设计逐渐普及，刺激了相关行业的发展，对设计行业从业人员也提出了新的要求。

3. 庭院软装的现代意义
Modern Significance of Courtyard Soft Decorating

庭院软装作为一个现代新兴的概念甚至行业，必然有它适应时代潮流、贴合现代追求的特殊意义。关于庭院软装的现代意义，大概有着下面这几点：

一、庭院空间的二次创作

庭院空间之中的广场道路、亭台水榭等都属于园林设计中的硬质景观，由于硬装的特性，后期很难改变其形状，可利用庭院软装设计的方式将空间进行再创造，这种利用软装方式重新规划出的可变空间称为二次空间。这种利用水景、石景、绿化、桌凳等创造出的二次空间不仅使空间的使用功能更趋合理，更能让庭院空间分割得更富有层次感。

二、场所营造，创造美好环境

通过对场景进行情感营造，赋予现实场景一个完整的精神寄托。人们可以根据个人喜好、特殊感情等因素进行不同的软装风格设计。软装设计可以制造出欢快热烈的喜庆气氛、亲切随和的轻松气氛、深沉凝重的庄严气氛、高雅清新的文化艺术气氛等，给人留下不同的印象。

三、强调风格，满足个性化需求

与建筑设计和硬装设计一样，庭院软装设计也有不同的风格，如东南亚风格、欧式风格、日式风格、传统中式风格、乡村风格等，合理的整体软装配饰设计对庭院景观风格起着强调的作用。因为软装配饰素材本身的造型、色彩、图案、质感等均具有一定的风格特征，所以它将进一步加强庭院空间的风格，满足居住者的个性化需求。

四、柔化生活空间，提供休憩去处

软装设计以人为本，通过软装的方式和手段来柔化空间，增添空间情趣，调节环境色彩，创造出一个富有情感色彩的美妙空间。而家具、植物、水石等丰富配饰语言的介入，无疑会使生活空间柔和，充满生机，为日常生活提供一个休憩放松的去处。

4. 庭院软装设计范畴
Design Category of Courtyard Soft Decorating

庭院软装目前在国内的研究状况主要集中在庭院家具的研究，对其软装配置较少涉及，事实上，除了庭院家具之外，花卉绿植、水景、石景、灯饰等都属于庭院软装的范围。简单地概括，可以这么说：除了硬的、不可动的装饰，其它一切可移动的装饰物都可归结于它的范畴。

首先是最为常见的庭院家具。庭院家具是庭院软装中最常用的软装类装饰，它包括一些休闲沙发、茶几、休闲餐桌、休闲椅等。一般而言，庭院家具的选择往往是根据庭院整体环境来定的，色彩和造型上也更多地满足对庭院项目环境的需求。例如在庭院游泳池旁边，庭院软装设计师会根据游泳池的环境情况来搭配一些庭院家具（如休闲躺椅、休闲餐桌等），以供人们玩乐之后进行相对应功能的使用——累了可以躺在躺椅上休闲，口渴了可以在餐桌上畅饮。

其次是遮阳系列，包括遮阳伞和遮阳篷，甚至一些树冠宽大的遮阴树种都可以归结于此类。在庭院的软装工程，由于日晒雨淋等不可控自然天气因素，自然少不了遮阳伞与遮阳篷，这样人们才能顺利舒适地享受庭院景观空间。另一方面，这些设备还可以起到一定的景观装饰作用。

当然，在庭院景观空间的营造方面，花卉绿植与各种景观小品肯定是极为重要的元素。庭院景观相对与室内景观的主要亮点本就是对于自然元素的亲近，庭院种植的花卉草木可以让人们心情愉悦、充满享受。雕塑装饰品常见的有人物雕塑、抽象雕塑以及动物雕塑，置于一定的场景中可以起到点缀作用。

庭院环卫设施虽然默默无闻但也至关紧要。环卫设施一般是指垃圾桶与护栏等。环卫设施在庭院软装设计工程中是必不可少的装饰物，因为垃圾无处不在。可以说有人的地方就有垃圾，所以怎样把环卫设施有机融入到庭院软装工程也是个大学问，若能够将环卫设施也处理成为庭院景观空间的一部分那就更妙了。

总的来说，庭院软装设计所包含的范畴就是上面所介绍的这些。当然，这些元素并非机械地拼贴堆砌在一个空间里，而是彼此之间都发生着紧密的联系，通过设计师的整理进行有机配置、有机协调。

第二节 庭院软装的设计灵感
Section 2 Design Inspiration of Courtyard Soft Decorating

但凡设计，都讲究创意与灵感。所谓的灵感，并非虚无缥缈的神秘闪念，而是有着必然现实基础的，灵感的涌现有赖于设计师们平日里对设计构思的日积月累。从事庭院软装设计的设计师们要想获得奇妙的灵感从而做出引以为傲的佳作，需要在日常生活之中积累有关庭院软装设计的理念。

1. 创意与灵感
Creativity & Inspiration

对于设计灵感的培养，最基础的自然是在平日里多看一些书，尤其是与庭院软装设计相关的书籍。设计就仿佛春蚕吐丝一般，是向外输出创意的过程，若不经常从外界吸取养分，总免不了遭遇才思枯竭、江郎才尽的困境。多看书和案例，可以在前人以及同行的著述之中梳理出系统的理论知识与设计手法，提升自己在庭院软装设计方面的知识储备，这些基本知识将成为设计师们后期创作之中灵感诞生的来源。

此外，还要多看一些庭院软装的设计案例。事实上，即使没有刻意去搜索庭院软装设计案例，平时在我们的生活之中也有着不少接触庭院软装案例的机会：当你走在自己小区的楼房之间，当你去到朋友住处拜访，当你哪天散步经过某处庭院，这些都是接触并且欣赏庭院软装的机会；某天当你看着一部电影或者电视剧的时候，或许你也会突然意识到，荧幕里面那个场景的庭院软装也有着不少值得借鉴的地方，你的灵感就这样激发了。

2. 灵感与来源
Inspiration & Source

庭院软装的设计灵感还不仅仅来源于庭院软装，毕竟这是一个新兴的概念，能够提供借鉴的案例和成形的理论体系并不是很多。设计师需要将眼界放得更宽广一些，多留意室内软装以及庭院景观这两方面的设计案例，从中得到启发。同为软装，室内软装与庭院软装必然有相通之处，某些元素还是重叠的，只是相对来说，庭院软装需要考虑更多庭院环境对于软装要素的影响与如何进行维护。而庭院景观与庭院软装则属于同一空间里面的不同设计领域，相同的空间环境致使两者有了相似的设计要求，在庭院景观方面的各种设计理念与手法都可以适当地运用到庭院软装之中。归根结底，设计师要获得设计灵感，必须要从基础出发，关注自己所处的自然环境，带着“庭院软装”的概念在生活、工作之中多发现、多挖掘。要明确一点，灵感不是毫无根据的灵光一现，而是设计知识与理念储备到一定程度所产生的质变。因此，对于庭院软装的了解越深入，在设计过程之中可能迸发的灵感才会越丰富。

第三节 庭院空间的作用
Other Functions of Courtyard Space

庭院空间是一种人为化的自然空间，通过软装设计，人们在钢筋水泥森林之中营造了一个独特的空间，在这个空间可以休憩静思、可以品尝美食、可以攀岩游泳，说起来真的极为神奇。不仅如此，一个经过主人家或者设计师精心设计的庭院空间，还存在着更多的作用。

1. 空间延续
Space Extention

庭院空间是室内空间的延续，它让人们的生活空间变得更加丰富多彩。因为它是开放式的空间，相对于限定的室内空间会显得更加舒适自由，给身处其中的人们一种全新的感受。光影变化、水木美景、清风拂面、鸟语花香，都使得庭院空间更为迷人，使居住空间增添了更多的层次感。庭院空间用自然生态的元素弥补了现代都市高层建筑中人们存在的缺陷，一种因不能经常与外界自然环境接触造成的缺陷。庭院空间将自然引入建筑，让建筑与景观结合，是人们亲近自然、享受自然的一方净土。

2. 改善居住环境
Improve Living Environment

庭院空间的布置离不开绿色植物，庭院中的植物对于改善建筑环境有着显著功效，通过合理的搭配和布置，可以使这些绿色植物发挥净化空气、改善居住环境的生态功能。某些特定的植物，能不同程度地拦截、吸收和富集污染物质，这样的植物对室内外空气具有一定的净化作用，比如吊兰、常春藤等，在装饰景观的同时还能达到净化室内外空气的目的。从声学的角度分析，植物的叶片能够将投射到它上面的噪声反射到各个方向上，叶片的轻微振动也能使噪声能量得到消耗而减弱。从这一点来看，庭院起到了城市空间与居所的缓冲作用，帮助营造更为良好的居住环境。

3. 影响局部气候
Affect Local Climate

当我们身处庭院之中时，总会感觉比在完全空旷的城市公共空间更舒适。这当然也有一定的心理因素影响，但事实上，庭院的确因为它的精心设计而相对外部环境更加舒适宜人。比如庭院之中的植物可以遮挡太阳辐射，从而提高建筑物围护结构的热阻值，起到良好的保温隔热的效果；庭院的廊架或者遮阳设施对太阳辐射也具有遮挡作用，在夏季能够使得庭院相对凉爽一些。泳池、喷泉等庭院景观设施对于庭院空间的局部气候调节也有很大的帮助。由于水体的比热容较大，夏天不容易升温，冬天不容易降温，可以将温度维持在一个比较稳定的范围之内。因此，在外界酷热的高温下，院内仍可保持相对较凉爽、较为稳定的温度。

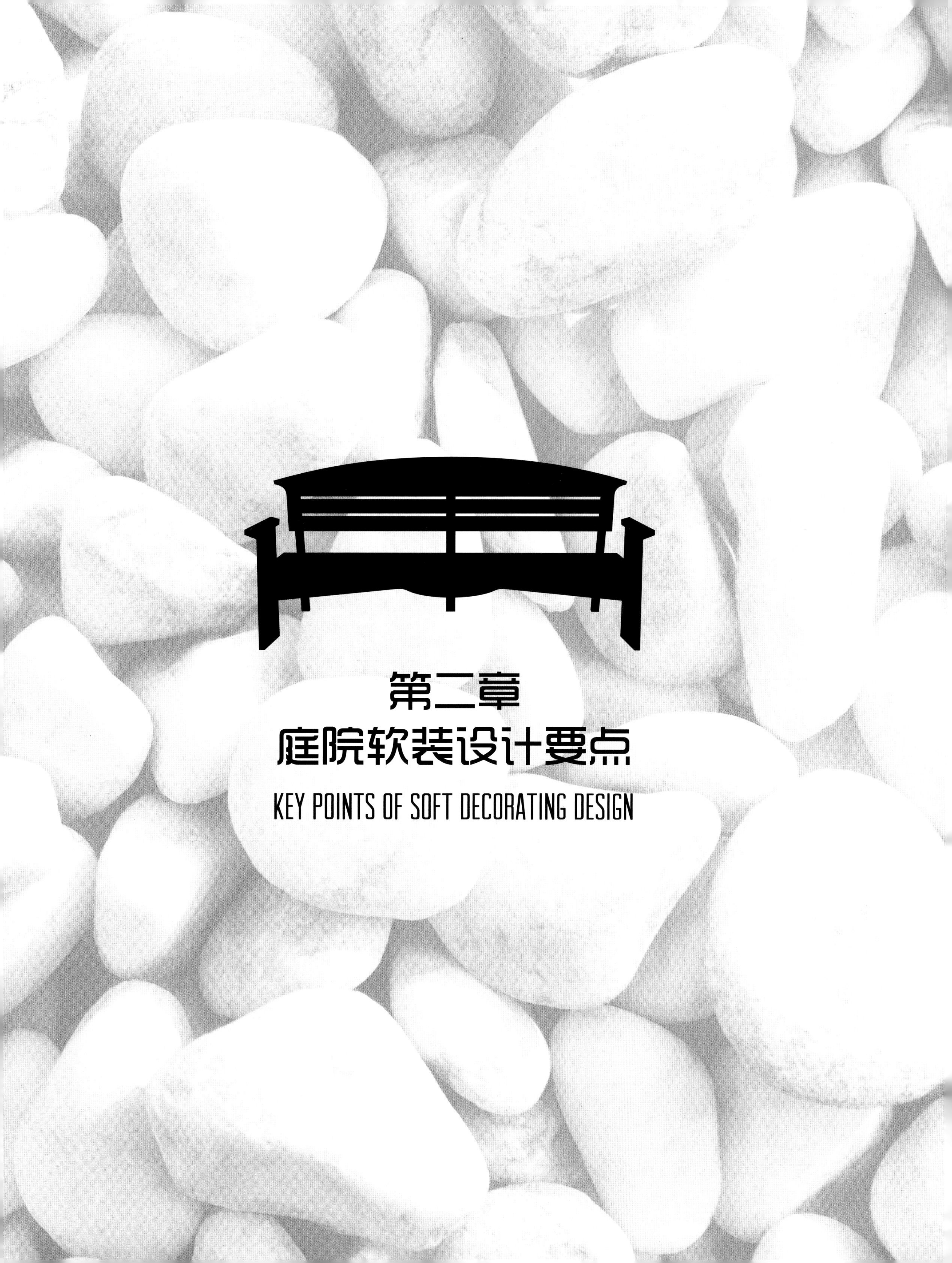

第二章
庭院软装设计要点

KEY POINTS OF SOFT DECORATING DESIGN

第一节 庭院设计要点
Key Points of Courtyard Design

1. 整体统一
Unified entirety

对庭院来讲，整体统一的要求包括三个方面：

一、庭院应与周边环境协调一致，“俗则屏之，嘉则收之”；

二、庭院软装设计应与周边建筑浑然一体，与室内装饰风格互为延伸；

三、园内各组成部分有机相连，过渡自然。

庭院手绘图

2. 视觉平衡
Vision balance

庭园各构成要素的位置、形状、比例和质感在视觉上要适宜，以取得“平衡”，类同于绘画和摄影的构图要求，只是庭园是三维立体的，需要考虑不同视角的观赏效果。在庭园设计上还要充分利用人的视觉假象，如在近处的树比远处的体量稍大一些，会使庭院看起来更有纵深感，显得比实际的大。本身比较狭小的庭院就不宜布置过大的泳池或者太多的户外沙发桌椅，这样会显得庭院更为拥挤不适。

3. 景观动感
Landscape dynamic

景观节点丰富的庭园可以引导人们的视线往返穿梭，从而形成动感，除坐观式的日式禅境庭院外，几乎所有庭园都应在这一点上做文章。动感取决于庭园的形状和垂直要素（如绿篱、墙壁和植被）。如正方形和圆形区域是静态的给人宁静感，适合设为座椅区；两边有高隔的狭长区域让人急步趋前，有神秘性和强烈的动感。不同区域的平衡组合，能调节出各种节奏的动感，使庭园独具魅力。

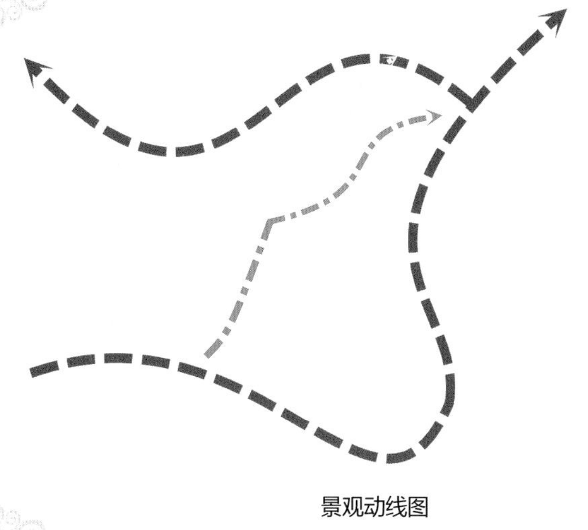

景观动线图

4. 色彩搭配
Color collocation

提示：庭园设计要点通常追求整体统一、直觉平衡、景观动感和色彩搭配等几方面的要素，各要素缺一不可。整体统一讲究"俗则屏之，嘉则收之"，要求庭院软装与建筑及室内风格融合互补，使得园内各部分有机相连、过渡自然；视觉平衡要求庭园各构成要素的位置、形状、比例和质感在视觉上要适宜，以取得"平衡"；景观动感使得景观节点丰富的庭园可以引导人们的视线往返穿梭，从而形成动感；而色彩的冷暖感会影响心理空间的大小、远近、轻重等。

色彩的冷暖感会影响心理空间的大小、远近、轻重等。随着距离变远，物体固有的色彩会深者变浅淡、亮者变灰暗，色相会偏冷偏青。由此反推，暖而亮的色彩则有拉近距离的作用，冷而暗的色彩有收缩距离的作用。庭园设计中把暖而亮的元素设计在近处，冷而暗的元素布置在远处就会有增加景深的效果，使小庭园显得更为深远。

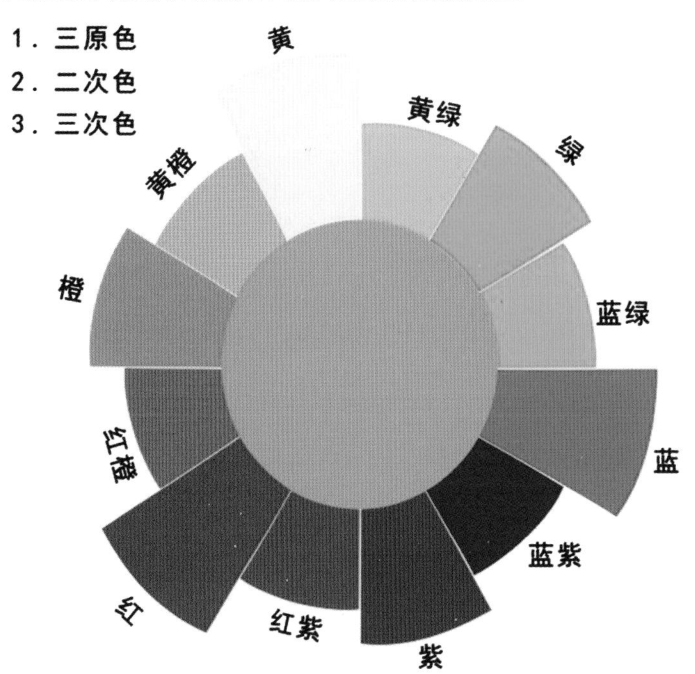

色彩搭配标准体 CSS

第二节 庭院风格分类
Courtyard Style Classification

1. 欧式庭院
European style courtyard

欧式庭院基本上是规则式的古典庭院，线条清晰的各种几何图案营造一种庄严雄伟的庭院氛围，激发人们的想象。欧式庭院的起源可以追溯到古罗马时代的庄园住宅，那时住宅不仅有规则式内院，而且还有平台、传统式柱廊、回廊和围栏水池。到了现代，设计师们从文艺复兴时期同类布局的花园中吸取灵感，使这一类型的庭院格局回归古典。

提示：庭院设计按照风格类型来划分，可以分为欧式庭院、中式庭院和日式庭院三大类。欧式庭院基本上是规则式的古典庭院，线条清晰的各种几何图案营造一种庄严雄伟的庭院氛围，激发人们的想象，中心一般有一条与建筑轴线统一的景观轴线，配以灌木、喷泉和装饰性建筑等予以点缀。

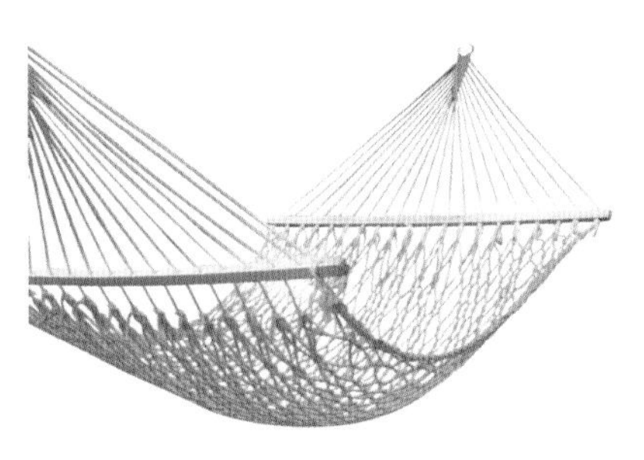

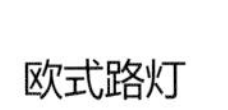

欧式路灯

欧式路灯

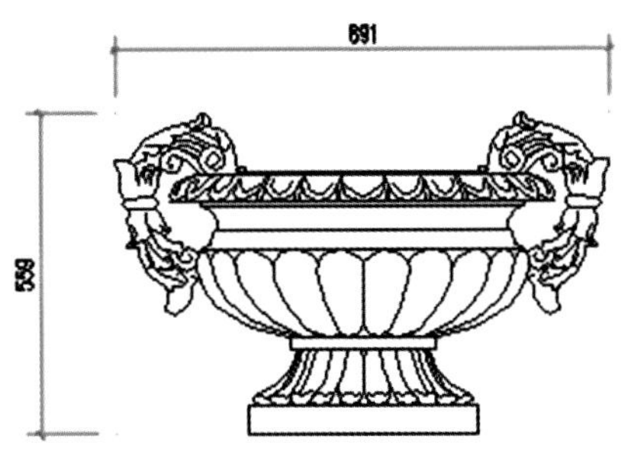

F 8002
W891×H559

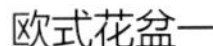
欧式花盆一

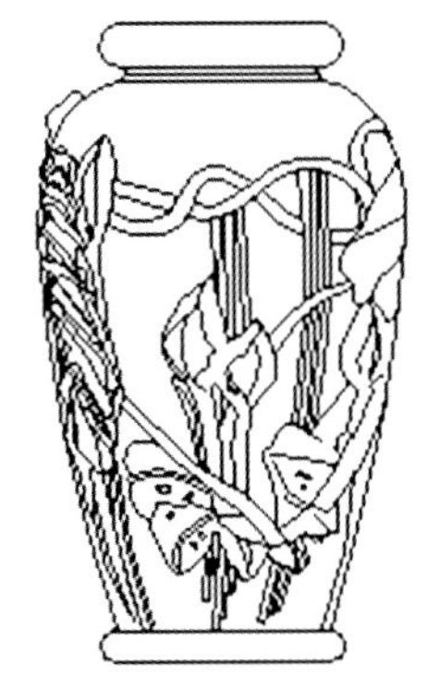

H009 H1000 * 直径 600×400(底)

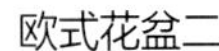
欧式花盆二

欧式抱枕 一

欧式抱枕 二

欧式庭园的中心一般有一条与建筑轴线统一的景观轴线，另外可能有一条或数条副轴线与之平行或垂直。中心位置一般布置广场、廊柱或雕像，周围布置整齐的灌木或模纹花坛，同时注重水景的设计。整个庭园注重平衡对称和比例关系，展示出整齐幽雅的环境氛围。

欧式地毯

欧式花架

欧式水景

欧式庭园的主要元素包括：修剪整齐的灌木和纪念喷泉以及一些通常靠水压运转的自由奔放的景观，一些装饰性建筑，如柱廊、园亭、凉亭、观景楼、方尖石塔、装饰景墙、活动长椅等，还有许多小景物：雕像、壁龛、日晷、小鸟戏水盆等。在地势起伏的园子中，如意大利风格庭园，常常设置梯级平台，户外阶梯、扶栏等。

欧式花盆

欧式盆栽

欧式烛台一

欧式烛台二

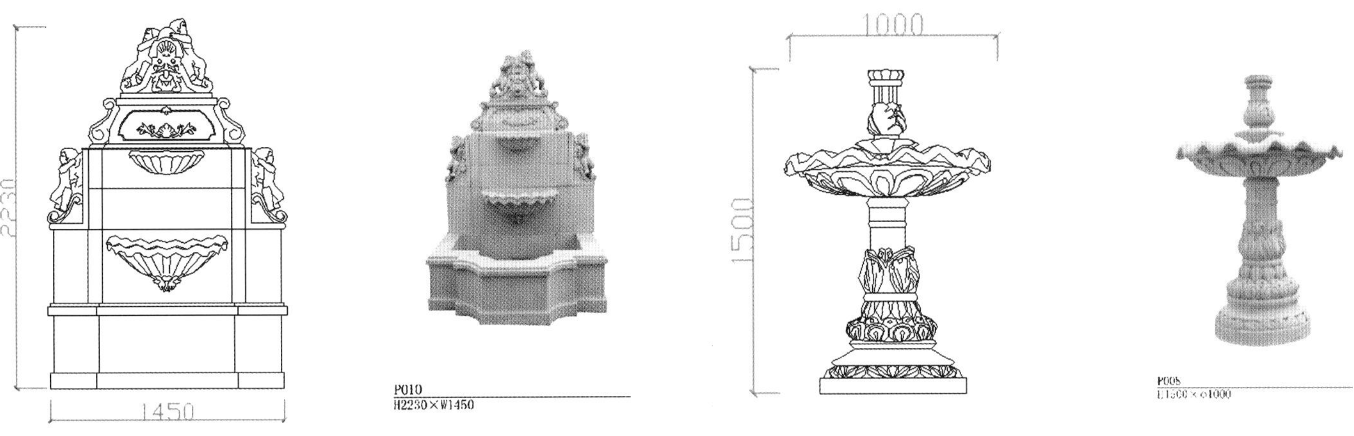

欧式壁泉

欧式壁泉

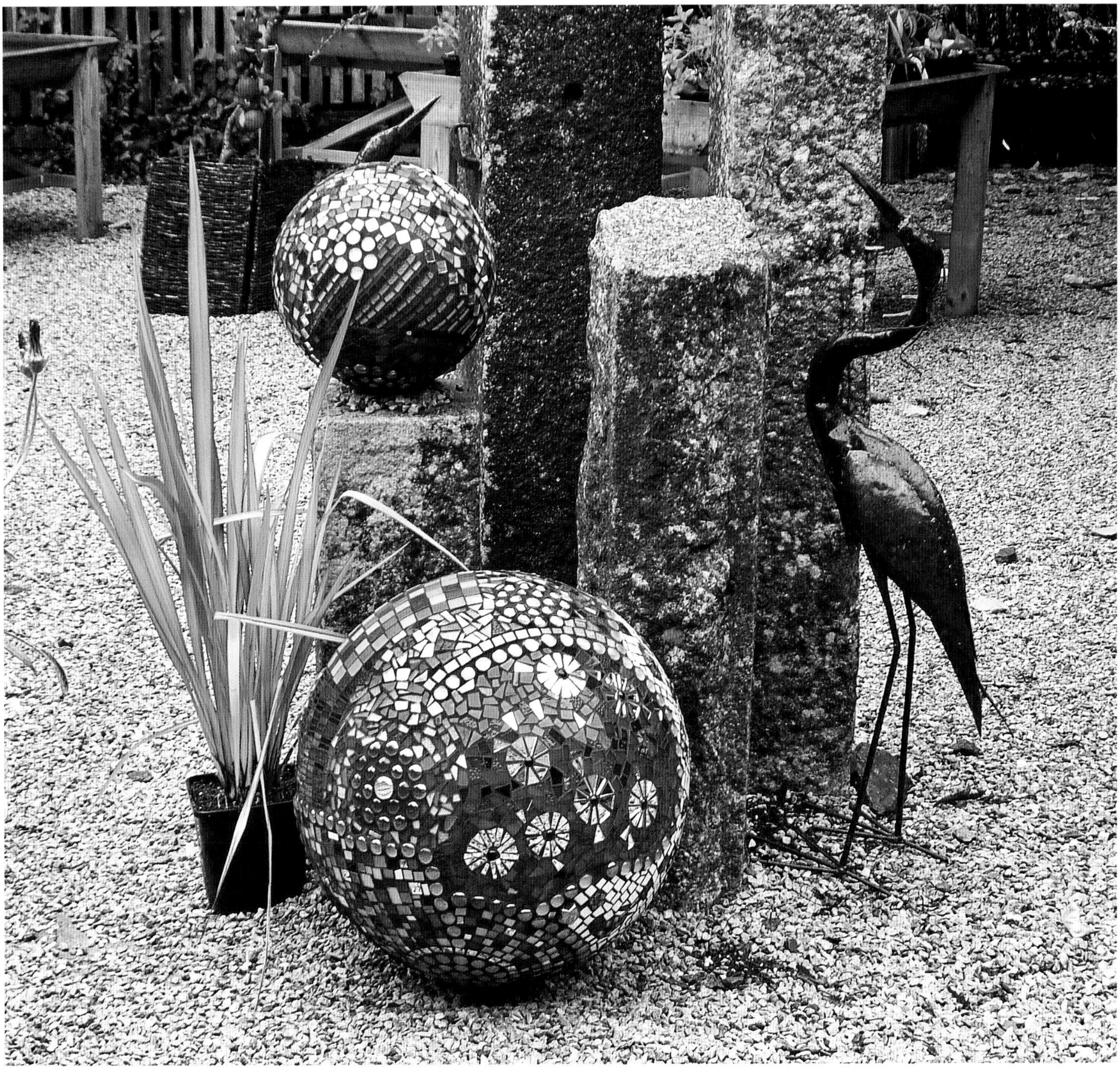

欧式玻璃艺术

2. 中式庭院
Chinese style courtyard

中式庭院崇尚自然，提倡在有限的空间范围内利用既有条件，模拟大自然中的美景，把建筑、山水、植物有机地融为一体，使自然美和人工美统一起来，“虽由人作，宛自天开”，创造出整体协调共生、天人合一的共同体。中式庭院喜欢寓情于景，在庭院中的大部分景观都能找到它所指代或隐喻的意义，比如多以植物暗指主人的志趣和品格风尚；讲究借景、藏露，变化无穷，常用“小中见大”的手法。造园时多采用障景、借景、仰视、延长和增加园路起伏等手法，利用大小、高低、曲直、虚实等对比达到扩大空间感的目的，产生“小中见大”的效果，可以扩大庭院的视觉效果，打破空间小从而影响美观度的局限。

提示：中式庭院崇尚自然，提倡在有限的空间范围内利用既有条件，模拟大自然中的美景，把建筑、山水、植物有机地融为一体，使自然美和人工美统一起来，“虽由人作，宛自天开”，创造出整体协调共生、天人合一的共同体。中式庭院又可细分为北方的四合院庭院、江南的写意山水和岭南园林等三种，在构图上中式庭院以曲线为主，讲究曲径通幽、藏风聚气，避免一览无余，配以木制的亭台轩榭以及各种奇花异石作为装饰。

中式凳子

中式庭院有三大支流：北方的四合院庭院、江南的写意山水、岭南园林。典型的中式园林风格特征，设计手法往往是在四合院庭院、江南园林或岭南园林设计的基础上，因地制宜进行取舍融合，呈现出一种曲折转合、溪山环绕的格局，其中亭台廊榭巧妙映衬、山石林荫趣味渲染。

中式桌椅

中式庭院手绘

在构图上中式庭院以曲线为主，讲究曲径通幽、藏风聚气，避免一览无余。建筑以木质的亭台、廊架、水榭为主，月洞门、花格窗等景致起到阻隔、引导或者分割视线和游径的作用。庭院中植物有着明确的寓意和严格的要求，如屋后栽竹，庭前植桂，阶前梧桐，转角芭蕉，花坛牡丹、芍药，水池荷花、睡莲。点景则用翠竹、石笋，小品多用石桌椅、观赏石等等。

中式假山

3. 日式庭院
Japanese style courtyard

日式庭院以其枯山水的禅境景观广为人知，与中式庭院的“虽由人作，宛自天开”恰恰相反，日本庭院反而刻意追求人工雕琢的痕迹。它将平凡的自然景观变幻投射到精心组织的园林景观中，使景观的艺术得以升华。这样的景观，虽然只是一方庭院山水，却能容千山万水、高山大海。

提示：与中式庭院的“虽由人作，宛自天开”恰恰相反，日本庭院反而刻意追求人工雕琢的痕迹，它将平凡的自然景观变幻投射到精心组织的园林景观中，使景观的艺术得以升华。日本式庭院吸收中国庭园风格后自成一个系统，对自然高度概括和精练，成为写意的“枯山水”，庭院之中合适的植物、石头、水、灯光、沙砾是必不可少的。

枯山水

日式石灯

枯木

日本式庭院吸收中国庭园风格后自成一个系统，对自然高度概括和精炼，成为写意的“枯山水”。庭园内不将灌木或多年生植物限制在花坛之内，营造出葳蕤的效果，而实际采用的植物数量并不多，乔灌木的位置都经刻意安排。庭园以针叶乔木和常绿灌木为主要绿色背景。

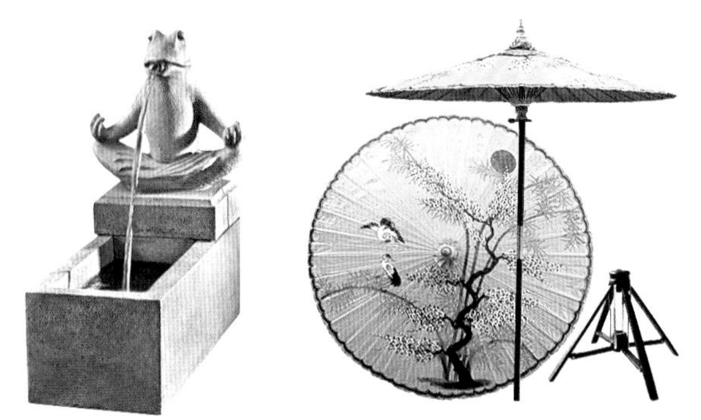

在日式庭院之中，合适的植物、石头、水、灯光、沙砾是必不可少的，如石灯笼、旧磨石、竹管流水等。庭院地面除了植被外，就是各种卵石和碎石。碎石铺成的蜿蜒小道，虽然只是很小的一段，但是总能让人感觉到一种悠远的意境。沙砾在日式庭院中主要模仿海面波纹和水纹来铺设，能给人大海的遐想。另一方面，沙砾还有避免黄土飞扬、杂草丛生的作用。石灯笼是日式庭院景观设计中不可或缺的点缀景物，不仅能用来衬托景致还可当作路灯照明，周围配上小树和蕨类植物更能增添庭院的风情。

第三节 庭院格局
Courtyard Pattern

1. 庭院布局形状
Courtyard layout form

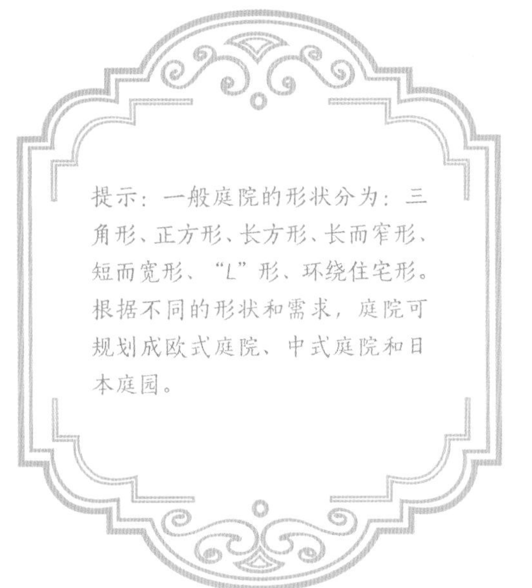

提示：一般庭院的形状分为：三角形、正方形、长方形、长而窄形、短而宽形、“L”形、环绕住宅形。根据不同的形状和需求，庭院可规划成欧式庭院、中式庭院和日本庭园。

一般庭院的形状分为：三角形、正方形、长方形、长而窄形、短而宽形、“L”形、环绕住宅形。根据不同的形状、不同的业主要求，庭院可规划成三种不同的风格：欧式庭院（规则式的古典庭院）、中式庭院（自然式的庭院）、日本庭院（枯山水禅境式的庭院）。

庭院软装，说到底是对于户外空间环境的设计装饰，最主要的设计对象就是人们日常接触到的生活庭院。从功能上来看，庭院一般可以分为前庭、主庭及通道三个区域。前庭属于公开区，指的是从大门到房门之间的区域，这是庭院景观给外来访客带来第一印象的区域，也是庭院主人每天归家入户的体验场所；主庭则偏向于私密空间的属性，是指紧挨起居室、会客厅、书房或者餐厅等室内空间的庭院区域，是一般住宅庭院中最主要的一个区域，也是大部分户外活动的实施场所；而通道就是庭院中连接各部分功能区域的廊道、园路或者线形的区域，既作为道路串联起庭院的空间，同时也具有一定的观赏价值。这三部分区域对于一个庭院的整体景观都非常重要。

三角形庭院布局

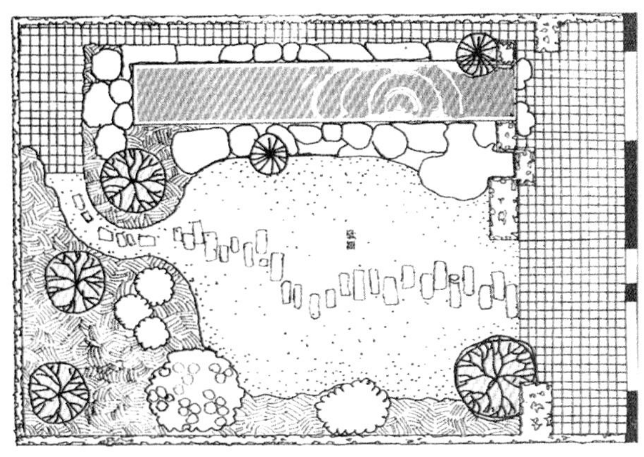

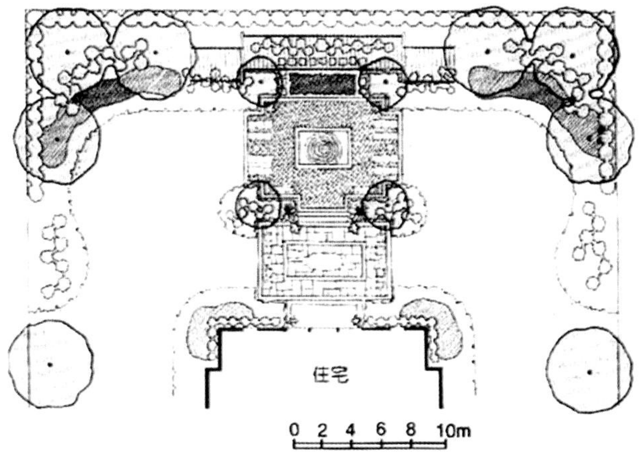

长方形庭院布局

规则式庭院布局

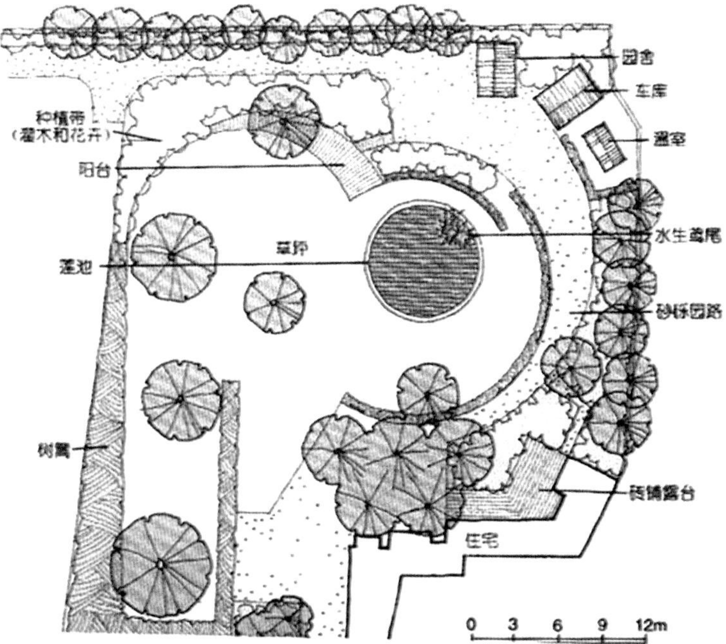

以圆形划分空间和布局的庭院

庭院以圆形莲池为中心，通过树篱、阳台、沙砾路等曲线的应用，形成一种向心感，但又高于变化，具有动势。

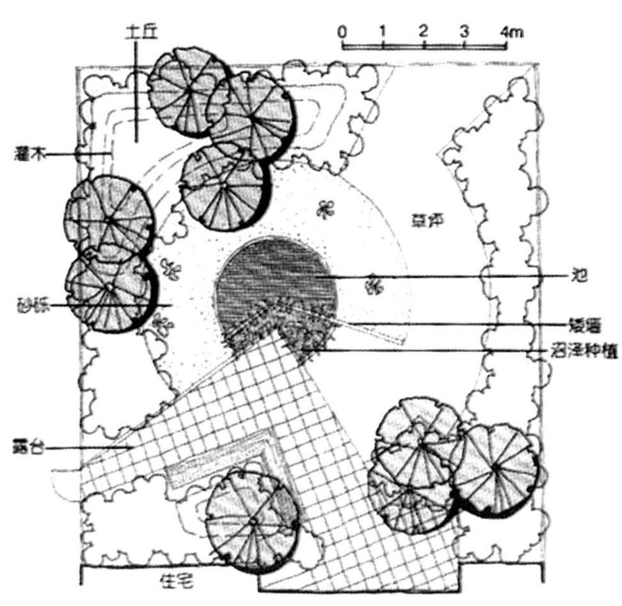

圆形和方形结合布局的庭院

庭院布局充满几何趣味，方圆对比强烈，但线条之间具有过渡，使之看起来并不生硬，相反产生一种动感。

2. 庭院功能分区
Courtyard functional division

首先是前庭，这一部分的景观是整个庭院的“门面”，它体现的是庭院主人的对外形象，其审美水平、风格倾向乃至性情志趣都可从前庭略见一斑。它带给人们的感觉可能是素雅静谧的，可能是热情好客的，可能是一丝不苟的，也可能是自然随性的。这些都可以从前庭的景观设计之中感受得到。

作为庭院主体的主庭更是景观设计中的重要区域。这里是人们进行户外活动的主要空间，休闲、游乐、聚会等各项活动都在这里发生，所以更加需要考虑通过庭院软装设计营造充满温馨感觉的户外空间，包括植物的选择和栽种、户外暖炉的放置、照明灯光的设置等。

在进行具体庭院软装设计的时候，各种细节总有其特殊之处，然而庭院格局的设计风格与设计法则却是有章可循的，深入了解这部分的内容将对设计师庭院软装设计的过程大有裨益。

提示：从功能上来看，庭院一般可以分为前庭、主庭及通道三个区域，前庭属于公开区，主庭则偏向于私密空间的属性，而通道就是庭院中连接各部分功能区域的廊道、园路或者线形的区域。

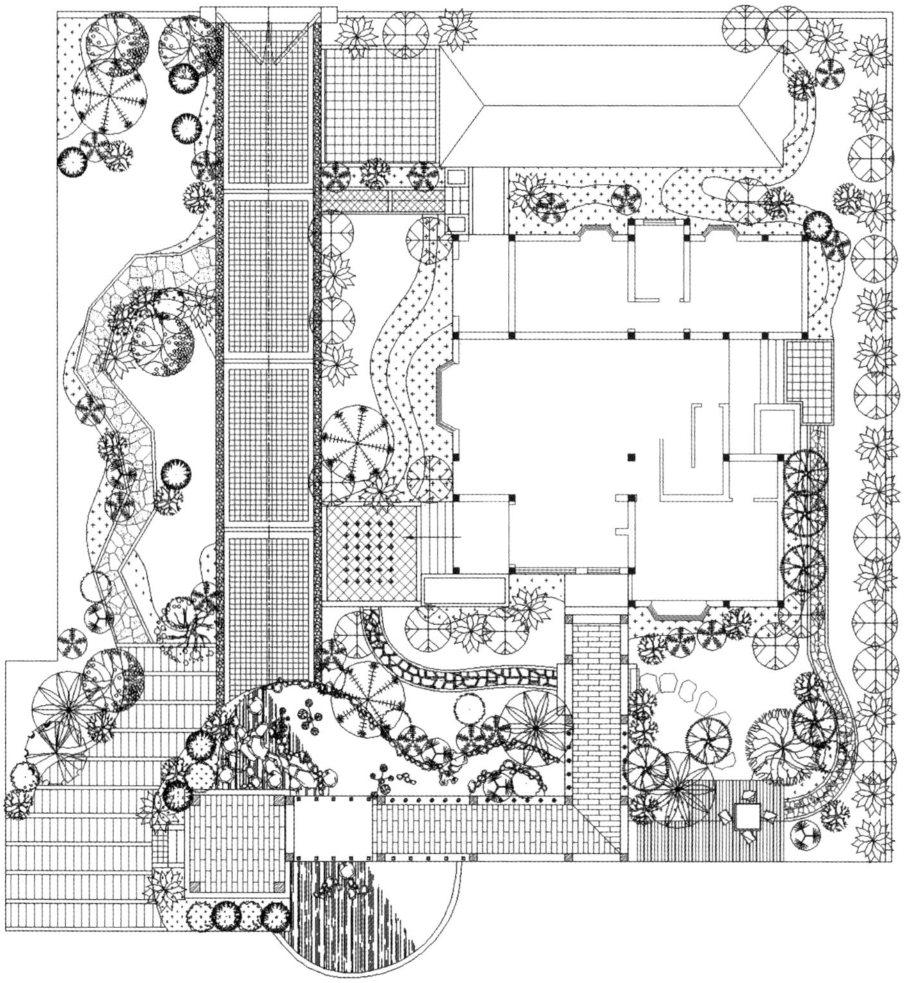

庭院 CAD 平面图

第三章 庭院休闲空间营造

THR CONSTRUCTION OF COURTYARD LEISURE SPACE

经过软装设计的庭院空间，是人们室内活动空间的延续，给人们平时的休憩游乐带来了更多的可能性。试想一下，在花草丛之中、水石景之畔，有一块专门用于休憩、用餐和招待亲友的场地。孩子们在这里玩耍，各种花草蔬果在这里茂盛生长，而你也可以坐在这里处理一些闲事杂事，一切是如此的美好。这是一个休闲运动之处，也是一个安静冥思之所。

这样一个多功能的空间，是值得用心营造的。既然你想要享受庭院空间带来的乐趣，那么你也得适当了解庭院软装的设计手法、要点，根据自己的需求，营造出适合自己乃至属于自己、量身定制的私享空间。假如你希望在这里安安静静地享受大自然的美好景致，那就需要布置更多的自然式景观，花草、藤蔓、灌木、大树、木栈道、山石流水乃至木质或仿木的庭院家具，这些元素都是值得一用的；又或许你喜欢现代简洁的生活方式，泳池、藤椅、沙发、壁炉、喷泉等元素可能更容易得到你的青睐；有的人更偏好庭院美食，那么烧烤炉、餐桌、餐台等装置就极为重要了。

总之，这是一个充满可能的庭院休闲空间，想想它所带来的舒适，会使得设计营造它的过程也变得充满乐趣。

提示：经过软装设计的庭院空间，是人们室内活动空间的延续，给人们平时的休憩游乐带来了更多的可能性。根据自己的需求，营造出适合自己乃至属于自己、量身定制的私享空间，或安安静静地享受大自然、或享受现代简洁的生活、或享受庭院美食。

第一节：庭院休闲区
Courtyard Leisure Area

休憩静思，是庭院空间的主要功能之一，这一功能的实现依赖于完善的庭院休憩设施和良好的庭院景观环境。

1. 庭院休闲桌椅
Courtyard Leisure Table & Chair

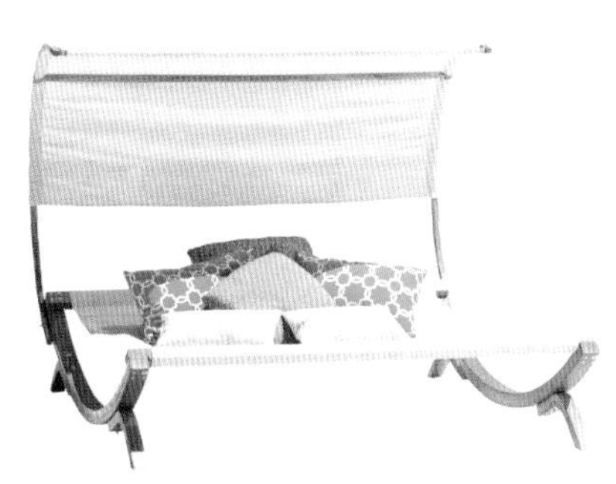

提示：庭院休闲桌椅种类繁多，除了日常的保养和维护，造型设计也应该更加注重人们的内心感受，多以流线、圆弧、树叶以及花卉等造型为主题。

庭院休闲桌椅种类繁多，比如：藤编铝合金桌椅、铸铁铸铝桌椅、实木防腐桌椅等。庭院休闲椅虽然都有着防腐以及防锈等功能，但这些功能不是天生的，要想让它们长久发挥，还得靠平日的保养和爱护。保养不仅让休闲桌椅长久光洁如新，还能延长使用寿命。

庭院休闲桌椅的造型设计应该更加注重人们的内心感受，多以流线、圆弧、树叶以及花卉等造型为主题，给人以亲近自然的感觉，赋予了庭院家具一种如诗般的美妙。它的设计原则以符合人体曲线与自身材质属性为两大基准点，整体造型的流畅与韵律，让身体与心灵能完美贴合，在使用的过程之中实现身心的愉悦。

2. 庭院遮阳伞
Courtyard Sunshade

提示：庭院遮阳伞能遮挡阳光，同时也能遮风挡雨，是庭院活动的必备工具。庭院遮阳伞的选用需要考虑所处空间的景观环境和设计风格。

庭院遮阳伞能遮挡阳光，同时也能遮风挡雨，是庭院活动的必备工具。遮阳伞的种类可分为中柱伞和侧柱伞，每一类根据外观还可以进行细分。庭院休闲遮阳伞一般是与庭院家具搭配，如与圆台搭配的叫中柱伞套装。庭院遮阳伞保证了人们庭院活动的舒适轻松，是进行庭院软装设计不可忽视的一个物件。

庭院遮阳伞的选用需要考虑所处空间的景观环境和设计风格，不同外观、颜色的遮阳伞会形成不同的景观效果，影响人们使用时的心理感受。

遮凉棚

3. 庭院景观
Courtyard Landscape

提示：水景、沙石、木艺景观、花草蔬果等元素，都是人们在室内较少可以接触到的，正是这些元素使得庭院休闲空间变得美好惬意。

休闲桌椅、遮阳伞都是满足人们在庭院空间休憩的基本设施，但使得庭院休憩区别于室内休闲的重要元素应该是庭院景观。水景、沙石、木艺景观、花草蔬果等元素，都是人们在室内较少可以接触到的，正是这些元素使得庭院休闲空间变得美好惬意。不同元素依据庭院景观的整体风格与使用者的偏好可以有不同的表现形式，如水景：中式风格的庭院可以营造流水淙淙、碧涧流泉的感觉；欧式的庭院则可以采取喷泉、水钵、吐水景墙等形式；至于日式庭院，流沙即水、虽无却有。

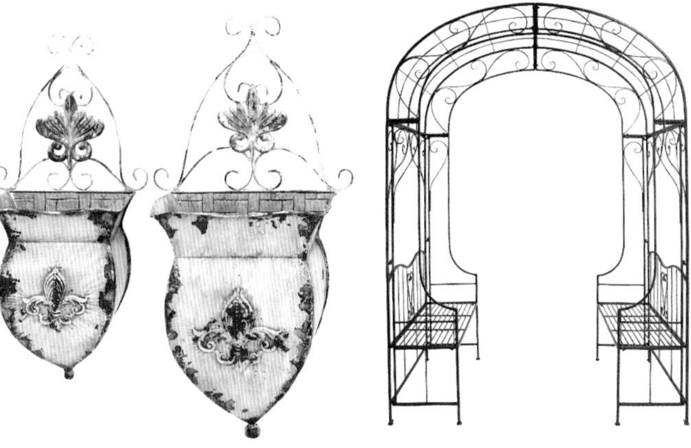

第二节：庭院烧烤区
Courtyard Barbecue Area

早在原始社会的时候，人们就懂得了通过烧烤的方式加工食物，这种源远流长的烹饪方式至今仍为人们所喜爱，大抵是因为它既是充满野趣的娱乐互动方式也是令人垂涎的美食烹制过程，烧烤的过程满足了人们社会交往和味觉享受的双重需求。在精心设计的庭院之中享受美食，是多么其乐融融而又惬意的事情！

1. 场地优势
Site Advantage

庭院兼具庭院空间与私人庭院的特性，在组织开展烧烤或其他庭院美食烹调活动方面具有独到的优势。

一方面，由于是庭院空间，更加贴近大自然，与烧烤这一充满野趣的活动相当贴切，而且相对室内具备更多的活动空间，便于参与的人们进行各种互动；由于是开敞的庭院空间，烧烤过程之中所产生的油烟非常容易消散，不会造成清理上的麻烦。

另一方面，由于是在私人庭院之内开展的烧烤活动，非常便于灵活安排，受天气变化的制约较小，即使是突发风雨也可以立刻转移到室内，另作安排。相对于外出去到公共的烧烤场所，也方便很多，免于远行；并且适合亲密好友的闲聊聚会，私密性强。

提示：一方面，由于是庭院空间，更加贴近大自然；另一方面，由于是在私人庭院之内开展的烧烤活动，非常便于灵动安排，受天气变化的制约较小。

2. 烧烤用具
Barbecue Tool

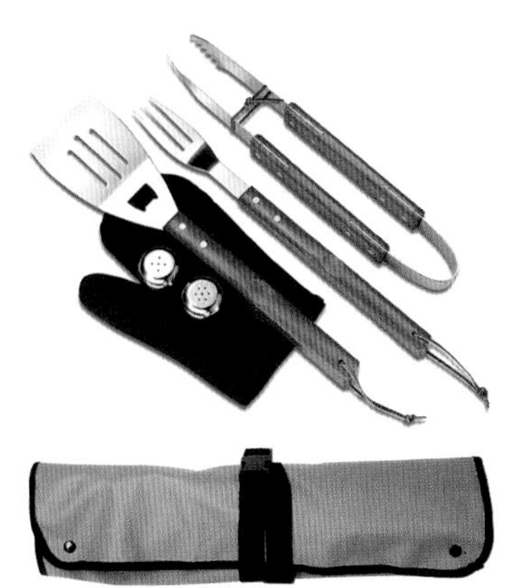

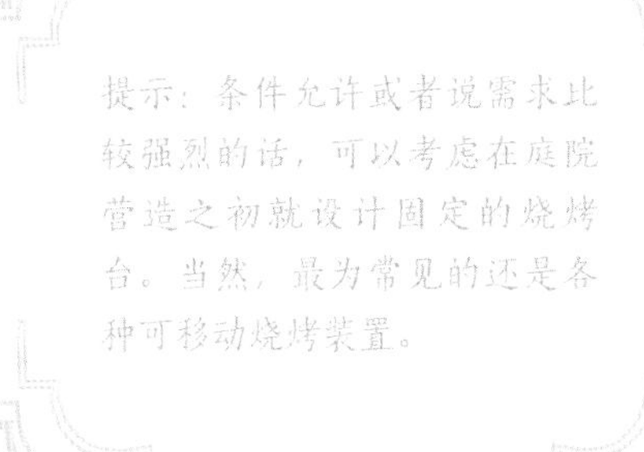

条件允许或者说需求比较强烈的话，可以考虑在庭院营造之初就设计固定的烧烤台。砖块是最简单也结实的材料，可依墙而建（或庭院中起分区隔断作用的矮墙）。工作台是必须考虑的，可以用来摆放烧烤过程之中各种食物与物件，台面之下还可以预留出空间储藏工具或者座椅。而到了不常使用的冬季，可以在烧烤台之上放置几盆花草，使空间不至于失去活力。

当然，最为常见的还是各种可移动烧烤装置。根据热源的不同，烧烤炉可以分为炭烧烤炉、电烧烤炉以及燃气烧烤炉，这些不同类别的烧烤炉各有优势，主要看主人的意向选择。烧烤厨具主要包括烤夹、烤叉、涂油刷以及烤签等，不锈钢材质的厨具有耐高温、耐腐蚀的优点，是不错的选择。

3. 设计要点
Design Feature

提示：有意识地在空间布局上避免“死角”，曲线、环绕的布局利于相互合作、相互交谈，确保参与活动的每一人都能够有适当的空间投入到处理食材、烧烤食材等环节中。既不能有强对流的自然风，也不能有树叶、落花等杂物掉入烧烤炉内，又要避免使用过程之中发生碰撞或者生熟食物间的交叉污染。

烧烤其实是一项交往活动，人们进行休闲烧烤活动的目的并不是单单的吃烧烤，更多的是享受这一个互动的过程，在这一过程中促进交流、增进情感，这是在设计之时必须了解的一点。清楚这一点之后才能有意识地在空间布局上避免“死角”，曲线、环绕的布局利于相互合作、相互交谈，确保参与活动的每一人都能够有适当的空间投入到处理食材、烧烤食材等环节中。

环境方面要考虑留出适当的位置，既不能有强对流的自然风，也不能有树叶、落花等杂物掉入烧烤炉内，所以这个地方最好是满足上方空旷、周围有遮挡、并且有足够空间让人走动交流。

此外是考虑烧烤操作流线的优化设计。烧烤不同于日常的餐厨活动，生冷的食材、烤熟的食物及相关盛器、餐具等物品会同时出现在一起。因此，烧烤设施、空间的设计应当充分考虑到这些物品在使用和空间上的逻辑关系，营造更加合理的空间用于容纳这些物品，避免使用过程之中发生碰撞或者生熟食物间的交叉污染。

第三节 庭院游乐区
Courtyard Recreation Area

户外空间的另一个重要作用就是进行各项游乐活动，在高密度的城市之中生活，人们越来越难以寻觅到一个临近的、私密的却又适合游乐活动的空间，而我们所探讨的住宅户外空间则在各方面都满足了人们的这种需求。在私人的户外空间，人们可以与朋友一起玩乐，在运动锻炼之时闲话近况；也可以与家人孩子一起亲密互动，在忙碌的工作之余尽享天伦之乐。

游乐组

提示：户外空间的另一个重要作用就是进行各项游乐活动，常见的设施有跷跷板、秋千、滑滑梯、冒险攀岩等。游乐空间的基调都是偏向轻松活跃的，因此在设施的色彩、形状方面也要注重营造这样的气氛。

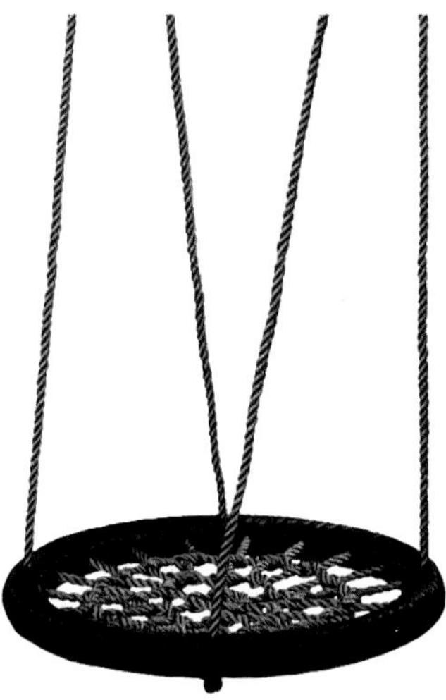

户外游乐空间常见的设施有跷跷板、秋千、滑滑梯、冒险攀岩等，这些大多是提供给孩子们游戏玩耍的，所以一定要考虑的材料的安全性和实践性，例如可以使用绿色环保材料、木质材料，一个悬挂在庭院大树之下的木质秋千就能使得整个环境显得更加贴近自然、富有野趣。还可以用一些经过处理的特殊物品，如轮胎、泡沫等，不但可以确保孩子们在安全的活动空间里玩耍，同时也能锻炼孩子们对材质的认知能力并激发自身动手能力及创造力。

游乐空间的基调都是偏向轻松活跃的，因此在设施的色彩、形状方面也要注重营造这样的气氛。例如攀岩墙就可以区别于普通的攀岩墙，采取更为丰富鲜艳的色彩，形成一个富有活力、激发人们体验欲望的户外游乐空间。

第四节 庭院泳池区
Swimming Pool Area

提示：作为景观视线上的一个重要焦点，泳池一般与户外空间周围景观结合进行设计，要综合考虑景观视线、水质、水温、卫生等等方面的要求，同时对于排水系统也有非常严格的要求。

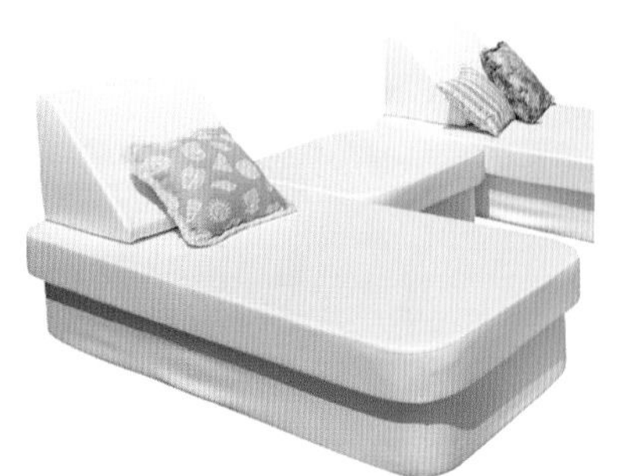

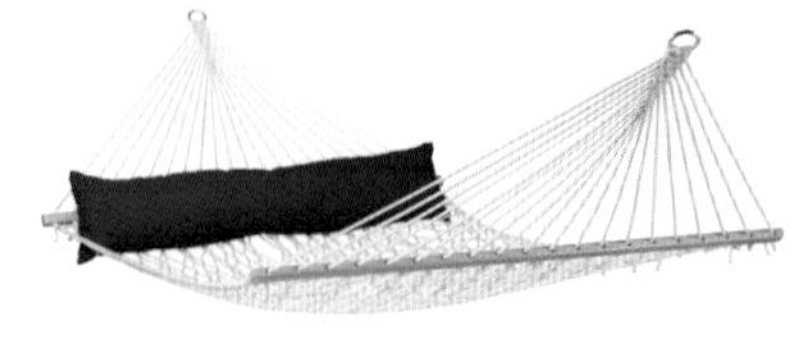

泳池一般与户外空间周围景观结合进行设计，多数位于房屋前方或者庭院的中心，成为景观视线上的一个重要焦点。在使用之时具有健身价值，而平时又可以成为整体环境之中令人心情愉悦的存在。正是因为兼具了实用与观赏价值，泳池在户外空间营造之中越来越受到重视。

泳池的设计并不是很随意的，而是要综合考虑景观视线、水质、水温、卫生等等方面的要求，同时对于排水系统也有非常严格的要求。如此说来，户外露天游泳池要达到的标准主要有景观优美、技术先进、经济合理、安全可靠、方便管理和节约用水等方面。

第四章
庭院软装元素构成

COURTYARD SOFT DECORATING ELEMENTS

人对于自然、庭院空间是有种向往的天性的，从最开始聚落形成的傍水而居、文人雅士的山水田园追求都可以看出这一点。然而，城市化的发展使得人们逐次住进了一个个的水泥盒子，自然之趣、山水之乐似乎只能在难得休假的时候才能奢侈地享受到。好在人们总能够在困境之中寻找出解决问题的方案，“余地三弓”尚能“红雨足”，纵使“荫天一角”照样“绿云深”，缩龙成寸的景观设计精髓使得人们并未放弃对庭院空间的追求。

在经济发展、物质需求逐渐得到满足的今天，以游览观光、休闲娱乐为主体的公众性休闲场所及高级住宅区、别墅群等项目纷纷拔地而起，大兴土木建成的办公楼、酒店宾馆、娱乐会所、商业广场以及花园、海滩、滨水空间同样为数不少，这些场所为了满足使用者的需求，顺时应势地注重到了庭院软装设计，大大增加了人们庭院休闲活动空间的范围。

在前文介绍庭院软装设计范畴的时候我们提到了庭院家具、遮阳系列、花卉绿植及各种景观小品、庭院环卫设施等，事实上，如果采用更为粗放的分类标准，可以主要将这些庭院软装元素简单划分为两个：庭院家具和植物景观与小品。诸如遮阳伞、帐篷、庭院环卫设施等都可以归入庭院家具的行列，这些元素是完全人造的、定型的、现代化的。而另一类——植物景观与小品——则更多是活动的、生长的、自然生态的。通过这相辅相成、互为补充的两大庭院软装构成元素，设计师们得以营造出现代舒适、自然悠闲的庭院休憩空间，身处其中的人们也得以享受这社会发展、行业进步所带来的高层次的庭院生活。

提示：人对于自然、庭院空间是有种向往的天性的，从最开始聚落形成的傍水而居、文人雅士的山水田园追求都可以看出这一点。在经济发展、物质需求逐渐得到满足的今天，以游览观光、休闲娱乐为主体的公众性休闲场所及高级住宅区、别墅群等项目纷纷拔地而起，这些场所为了满足使用者的需求，顺时应势地注重到了庭院软装设计，大大增加了人们庭院休闲活动空间的范围。

提示：庭院家具和植物景观与小品。诸如遮阳伞、帐篷、庭院环卫设施等都可以归入庭院家具的行列，这些元素是完全人造的、定型的、现代化的。而另一类——植物景观与小品——则更多是活动的、生长的、自然生态的。

第一节 庭院家具
Courtyard Furniture

庭院家具主要指用于室外或半室外的供公共性活动之用的家具。它是决定建筑物室外空间功能的物质基础，也是表现室外空间形式的重要元素。庭院家具最明显的属性是功能性，同时还具有艺术性，在庭院空间整体环境之中有着重要的作用。

提示：庭院家具主要指用于室外或半室外的供公共性活动之用的家具，兼具功能性和艺术性，根据庭院家具的表现形式分为了永久固定型、可移动型、可携带型三种。

1. 庭院家具的种类
Courtyard Furniture Types

针对庭院家具的分析研究有不少，学者们对于它的分类也有几种不同的标准，有根据功能分类的、有根据空间分类的、有根据材料分类的，这里根据庭院家具的表现形式分为了永久固定型、可移动型、可携带型三种。

(1) 永久固定型
Permanently Fixed Type

永久固定在庭院的家具，包括木亭、实木桌椅、铁木桌椅、石质桌椅等。一般这类家具要选用优质材料，防止户外环境的侵蚀，重量也比较重，适合长期放在庭院。

（2）可移动型
Movable Type

可以移动的庭院家具，包括特斯林椅、可折叠木桌椅和太阳伞等。用的时候放到庭院，不用的时候可以收纳起来放在房间，所以这类家具更加舒适实用，不用考虑那么多坚固和防腐的特性，还可以根据个人爱好加入一些布艺等用作点缀。

（3）可携带型
Portable Type

另外一类就是可以携带的庭院家具，比如小餐桌、餐椅和遮阳伞。这类家具一般是由铝合金或帆布做成的，重量轻、便于携带；此外还有烧烤炉架、帐篷之类的，为庭院空间休闲游憩增添不少乐趣。

2. 庭院家具的设计要点
Courtyard Furniture Design Points

提示：庭院家具的设计要点主要考虑形态、色彩、材质、空间尺度和保养等五方面。外部形态对人们的第一印象影响最大，很可能决定一个人对于某一个空间景观的感官判断，所以在满足庭院家具的特定功能的同时，还要创造充满艺术美感的外部形态，使人们产生直观感性的空间印象，体验庭园环境，重新审视生活。

(1) 家具造型
Furniture Form

外部形态对人们的第一印象影响最大，很可能决定一个人对于某一个空间景观的感官判断，所以在满足庭院家具的特定功能的同时，还要创造充满艺术美感的外部形态，使人们产生直观感性的空间印象，体验庭园环境，重新审视生活。

圆形家具

转角方形家具

一般来说，直线条的庭院家具更加适合现代、简约风格的环境，另外一些夸张的造型也比较好。三角形、方形、圆形、球体、台体等常见的几何形态在不同的庭园环境中，可以转化为独具设计意味的艺术语言，使实实在在的家具在满足人们最基本功能需求的同时，创造出体现审美意趣的文化空间。

球体家具

(2) 色彩
Color

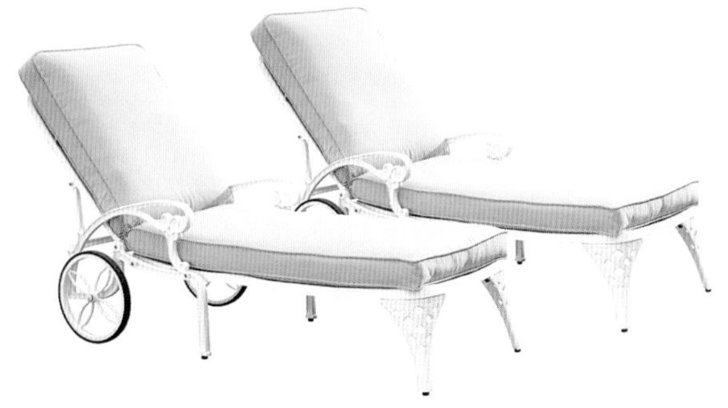

色彩在营造环境氛围方面有着神奇的功效，红橙黄的暖色调让人心情愉悦、兴奋，青蓝紫的冷色调使人心境宁静、平和。对于设计区域内分散排列、形态各异的庭院家具，可以借助一个整体的色彩组合，运用色彩的深浅、冷暖布置把它们连成统一的整体。色彩以其鲜明的个性加入到环境的组织营造中，能协调人与环境的关系，同时赋予环境更多的生机和活力。

(3) 材质
Texture

提示：庭院家具在材质方面有着特殊的要求，除了“造型”之外还特别看重“耐用”这一因素。庭院家具必须坚固耐用，才能够很好地抵御庭院各种气候变化的侵蚀。木头是首选材质，相比木质庭院家具，金属材质则比较耐用，竹藤质、布质庭院家具相较则显得轻巧美观。

庭院家具与普通室内家具最大的区别就是它的使用环境，也正是因为如此所以庭院家具在材质方面有着不同的要求，除了“造型”之外还特别看重“耐用”这一因素。庭院家具必须坚固耐用，才能够很好地抵御庭院各种气候变化的侵蚀。

木头是首选材质，一般来说，要选择油分较大的木材，如杉木、松木、柚木等，而且一定要做防腐处理，另外还需要经常采用木头油或者油漆保养；相比木质庭院家具，金属材质则比较耐用，铝或经过防水处理的合金材质是最好的选择，但要防止撞击；竹藤质、布质庭院家具相较则显得轻巧美观，不过为了防止累积灰尘和发霉，需要选择质量较好且经过特殊处理的材料，如当下逐渐普及的特斯林布和西藤等材料。

全天候绳索户外家具

（4）空间尺度
Spatial Scale

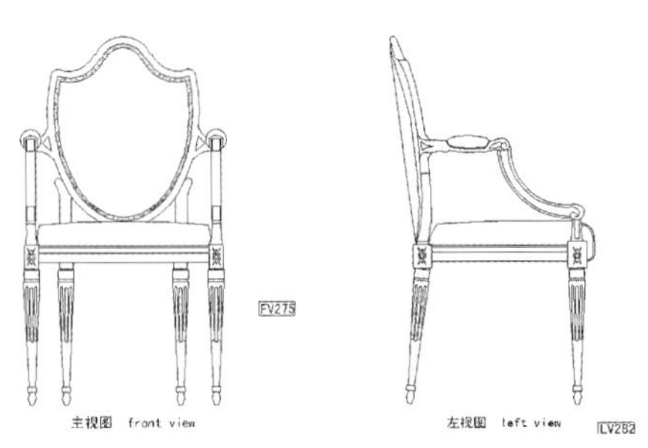

人是庭院景观的最终服务对象，因此庭院家具的设计必须符合人在庭院空间中的尺度感受，庭院家具的大小、体量在整个环境空间中的比例、尺度的控制与把握甚为重要。庭院家具应适应人体视觉的生理特征，综合考虑人在庭院空间仰视、俯视、平视的观察角度和远眺、近观、细察的视觉习惯，创造观景的效应。此外，空间尺度方面也要照顾到儿童、老人家的实际情况。

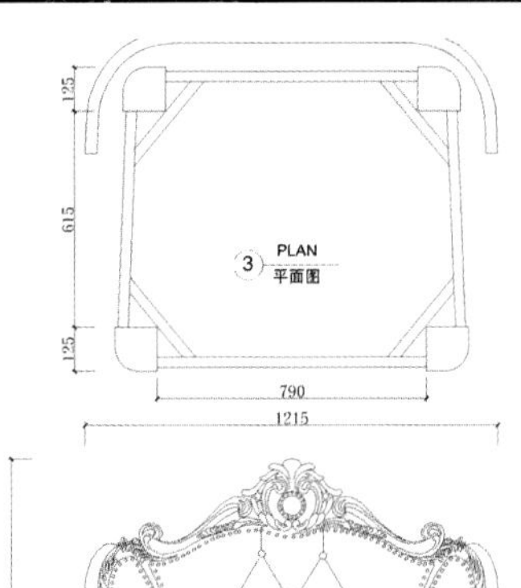

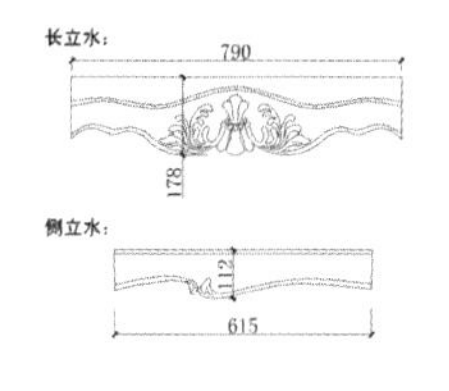

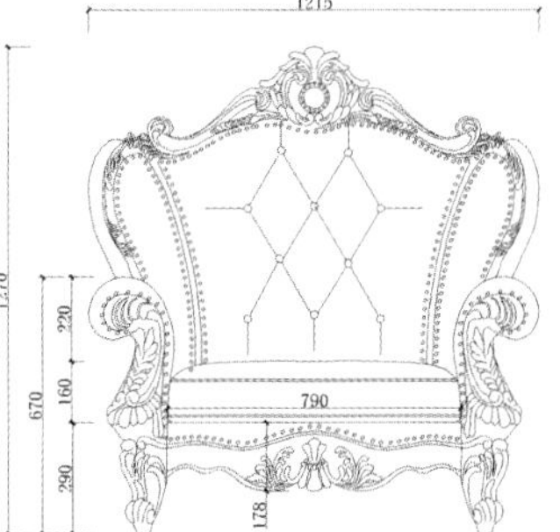

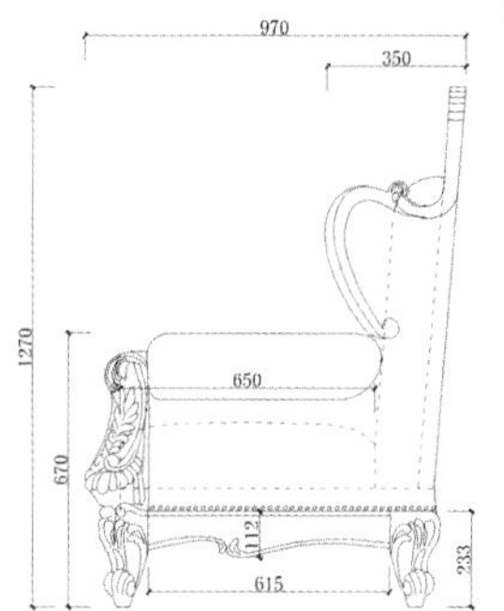

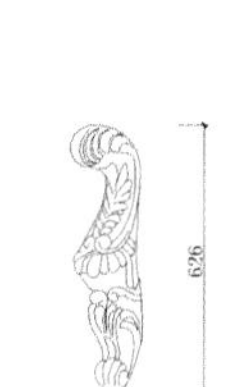

立面图　　侧视图

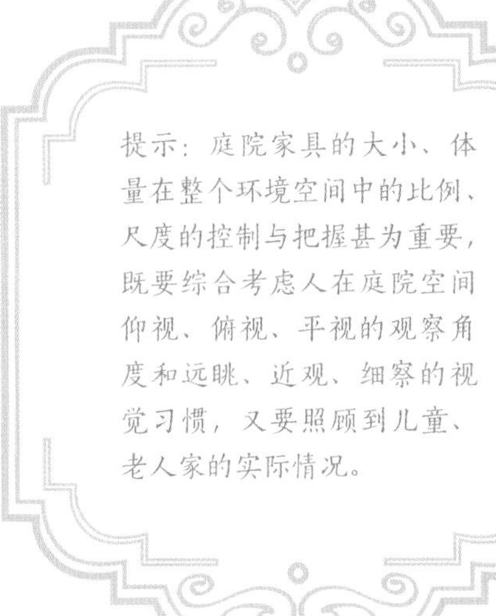

提示：庭院家具的大小、体量在整个环境空间中的比例、尺度的控制与把握甚为重要，既要综合考虑人在庭院空间仰视、俯视、平视的观察角度和远眺、近观、细察的视觉习惯，又要照顾到儿童、老人家的实际情况。

3. 户外家具保养
Outdoor Furniture Maintenance

(1) 户外家具选择
Outdoor Furniture Selection

消费者在选择家具的时候一般都会比较细致，然而户外家具的选择则是粗细结合。首先如果长期放在户外，不可避免风吹日晒，所以您要做好家具有一定的变形和褪色的心理准备，一般木材大多选择杉木和松木。然而在连接件的选择上，您则要细心一些，因为它关系到户外家具的坚固，总不能放上几天风一吹就散架了。所以它的自重要比较重，要和地面连接牢固，通过绳索、或者埋栽的方式固定。在户外家具部件的连接上，通常是榫接或者金属件连接，一般金属件连接相比之下更坚固，然而做得好的榫接不但牢固，在受力时部件之间还有移动余地，增加了结构的稳定性。而且工艺好的榫接家具也更具有田园的自然和结构的美感。

提示：户外家具的选择最好能做到粗细结合，要做好家具有一定的变形和褪色的心理准备，而在连接件的选择上，要做到和地面连接牢固，通过绳索、或者埋载的方式固定。

(2) 户外家具防腐
Outdoor Furniture Preservative

提示：户外家具保养主要涉及户外家具的防腐、选择、材料这几个方面。作为户外家具来说防腐处理非常重要，所以在选购的时候要注意询问商家的防腐处理，以免影响家具的使用寿命。

随着居室房间的加大和户外出行的增多，人们越来越崇尚田园的悠闲生活，所以户外家具将会越来越流行，也会有越来越多的户外家具被设计和生产出来。比如我们所崇尚的田园的朴素生活，可以用不加太多规整和修饰的松木打造出来。另外作为户外家具来说防腐处理非常重要，木材表面一般是通过刷桐油、喷防腐剂、或者碳化的方式做到的。所以在选购的时候要注意询问商家的防腐处理，以免影响家具的使用寿命。

(3) 户外家具材料
Outdoor Furniture Materials

户外家具的挑选并不简单，除了要看款式外，还要特别注重其材质，毕竟长年累月暴露在外的户外家具，要随时经受风雨烈日的洗礼。同时，它还应是便于打理的。当然，户外家具的保养也必不可少。

遮阳篷、太阳伞——怕磕碰

遮阳产品多采用铁管和铝管支撑，在安装过程中要注意轻拿轻放，尽量避免磕碰或局部受力过大而受损。同时，遮阳篷和太阳伞专为户外遮阳休闲所用，并非用于避风挡雨，因此，在大风大雨的天气时应避免使用。如果伞面有积水，要及时清除以免伞架长期受力而受损。

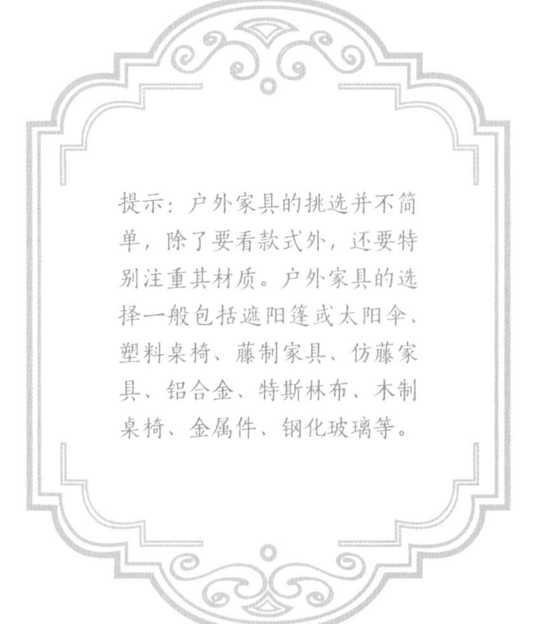

提示：户外家具的挑选并不简单，除了要看款式外，还要特别注重其材质。户外家具的选择一般包括遮阳篷或太阳伞、塑料桌椅、藤制家具、仿藤家具、铝合金、特斯林布、木制桌椅、金属件、钢化玻璃等。

塑料桌椅——怕暴晒

使用塑料材质的户外休闲桌椅，应尽量放置在平稳的地面或草地上，以免摇晃倾斜。塑料桌椅清洁非常简单，只需要用普通的清洁剂擦拭，再用清水冲洗即可。但塑料桌椅一定要避免暴晒，否则会出现褪色、断裂等问题。

藤制家具——怕变形

藤制桌椅或躺椅比较轻，移动起来方便，因而清理这类桌椅的时候可以使用清水和清洁剂。打扫藤制家具的灰尘，除了用抹布轻轻擦拭，还可以使用吸尘器。在平时使用藤编家具的时候，要注意编藤的接口处，尽量不要把藤条的编口裸露在外，否则容易弯折和变形。

仿藤家具——怕划碰

仿藤材质的户外家具，使用的材料都是聚酯树脂的合成品，在高温下藤条会变软，从而导致藤编家具变形、无法使用。所以在使用仿藤家具时，一定要避免太阳暴晒，还要避免硬物划碰影响美观。

铝合金：如果表面出现污渍，请用清水擦拭，不要用浓酸或浓碱性的清洁剂。

特斯林布：用抹布蘸清水擦洗即可。

木制桌椅：用抹布擦，勿用硬物刮擦，以免损坏表面的防水层。

金属件：在搬运时要避免磕碰和划伤表面保护层；更不要站在折叠家具上面，以免折叠部位变形而影响使用。只需偶尔用温肥皂水擦洗一下，不要用强酸或强碱性的清洁剂清洁，以免损坏了表面保护层而生锈。

钢化玻璃：不要用尖锐物敲击或撞击玻璃边角，以免出现破碎；不要用腐蚀性液体擦拭玻璃表面，以免破坏表面光泽；不要用粗糙的物料擦拭玻璃表面，以避免出现划痕。

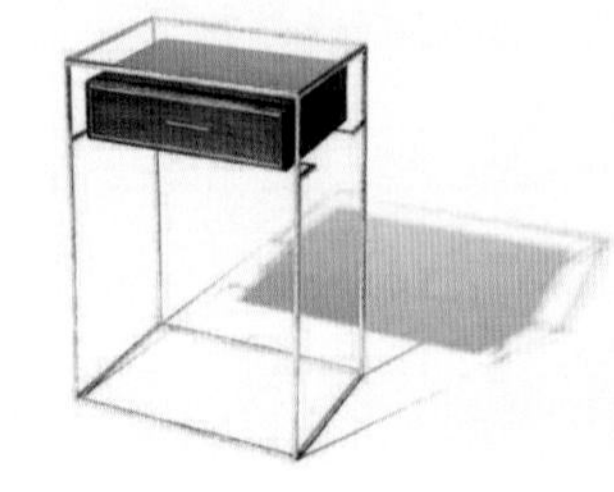

第二节 景观小品 Landscape Pieces

庭院家具为人们在室外活动提供了休憩、娱乐的空间，而各种景观小品则是真正创造了庭院空间的观赏环境，使得人们得以亲近自然、放松心情。

提示：庭院各种景观小品真正创造了庭院空间的观赏环境，使得人们得以亲近自然、放松心情。庭院景观按照主体材质可分为三大类：木艺、石景和水景。

1. 木艺 Wooden Art

提示：木质景观有着自然朴实、生态健康和高品位的特性，在公共绿地、庭院、花园等庭院空间得到广泛的应用，已成为城市庭院环境的生活时尚，体现的是一种高雅的生活品质追求。

木兰花
天仙果
圆叶车轮
银杏
欧洲花彬
山茶花
杨梅树
柏树
棒樫
樱花树
贝冢伊吹

木质景观有着自然朴实、生态健康和高品位的特性，在公共绿地、庭院、花园等庭院空间得到广泛的应用，已成为城市庭院环境的生活时尚，体现的是一种高雅的生活品质追求。

木艺景观常用的木材来自针叶树和阔叶树。针叶树材质一般较软，生产上又称“软材”。阔叶树种类繁多，统称杂木，其中材质轻软的称“软杂”，如杨、泡桐等；材质硬重的称“硬杂”，如麻栎、香樟等。特别坚硬的木材，则称为“硬木”，如柚木、菠萝格、紫檀等。每种木材都有各自的特点，如：紫檀坚硬，纹理细致，气味芳香，色彩丰富；紫杉有清晰的纹理；无花果色白、质地细腻……庭院木艺景观的原料以选择坚硬耐用、耐腐蚀的材料为好，以便其本身的自然美能更好地发挥，为庭园小品增色。

2. 石景
Stone Landscape

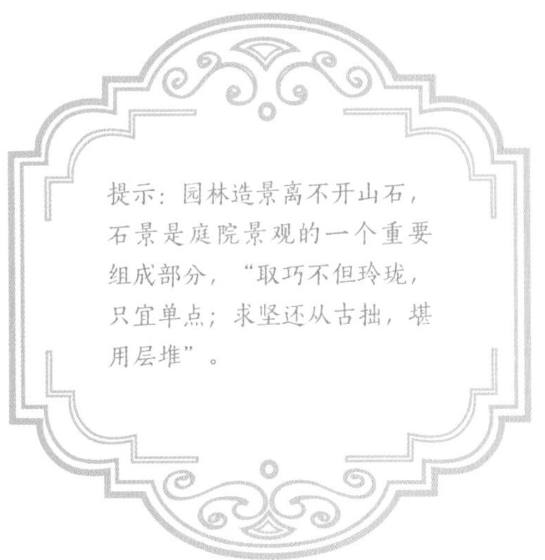

提示：园林造景离不开山石，石景是庭院景观的一个重要组成部分，“取巧不但玲珑，只宜单点；求坚还从古拙，堪用层堆”。

园林造景离不开山石，石景是庭院景观的一个重要组成部分。早在上千年前，古人就已经开始了对造景石材的研究，而明末造园家计成则专门在其专著《园冶》之中辟出一章专门讲述选石造景之法——“取巧不但玲珑，只宜单点；求坚还从古拙，堪用层堆”。

日式石灯

现代庭院空间同样重视石景的营造，需要从石景本身的形态、色彩、质地、纹理及其与周围环境的协调等多方面考虑。值得一提的是，由于现在大多数庭院景观都属于人为新造的，反而忽视了石景与植物相伴的原始自然景观，在设计过程之中应该重视选用匹配石景的植物，营造充满自然野趣的生态景观。

3. 水景
Water Landscape

水是生命之源，能给人们带来愉悦舒适的感受，而在水景的设计过程中，往往模仿自然的种种水态而设，如瀑布、叠水、水帘、溢流、溪流、壁泉等。又辅之以各种灯光效果，使水体具有丰富多采的形态，来缓冲、软化硬质的地面和建筑物。

在设计庭院水景的过程之中有两点需要特别考量：一是水景的可亲近，要让水景与人们产生互动，而不是只可远观，这同时也对水的边界区域提出了安全方面的要求，尤其需要针对儿童、老人的亲水活动提出必要的策略；二是水景的后期维护，设计是需要付诸实践、切实落地的，对于水景的设计必须考虑排水、清理等各方面的技术问题，不然将遗留下后期方案实施与日常维护方面的问题。

提示：水是生命之源，能给人们带来愉悦舒适的感受，在水景的设计过程中，往往模仿自然的种种水态而设。

第三节 植物配置 Plant Configuration

庭院空间的植物绿化需要采用立体化模式，利用墙壁、廊架乃至阳台种植攀缘植物，柔化建筑形体生硬的几何线条，使建筑空间与景观空间和谐交融，增加美化、彩化效果，从而提高庭院景观的舒适度。

在造景过程中，考虑植物的季节性变化，根据不同植物的花期合理配置，努力做到四季花开、色彩协调，以丰富的植物景观让人们在不同季节欣赏到不同的景色。

针对庭院空间不同的地形、不同的组团绿地选用不同的空间围合。如街道、人行道两边及城市广场四周，可用树墙形成封闭性空间，将外界的嘈杂声、灰尘等消极环境因素隔离，闹中取静，形成一个宁静和谐的活动游憩场所。

提示：在庭园植物的配置方面，既要利用墙壁、廊架乃至阳台种植攀缘植物，柔化建筑形体生硬的几何线条，使建筑空间与景观空间和谐交融，增加美化、彩化效果，又要考虑植物的季节性变化，根据不同植物的花期合理配置，努力做到四季花开、色彩协调。

1. 植物配置原则 Plant Configuration Principles

植物配置这个题目已经不新鲜了，在学校时也曾学过植物配置设计的原则。但在实际运用中，发现书本知识还是比较笼统，不容易操作。笔者根据十多年园林工作的经验，总结出以下 4 个原则，供与同行切磋交流。

提示：庭园配置所需遵循的原则有四：主题原则、适宜原则、时效原则以及经济原则。主题原则是一个植物配置的纲领，通过这个纲领，确定要通过植物景观表现什么样的主题；适宜原则包含两方面含义，一是常提到的“适地适树”，二是与四周环境的协调与适宜。另外一点就是植物配置要适应或符合园林综合功能的要求；所谓时效原则指的是植物配置设计时，要考虑长期与短期景观效果相结合，也要考虑达到某一特定效果所需的时间；经济原则指的是发展节水型园林，或者是在植物配置中要适当考虑节水的问题。

(1) 主题原则
Theme principle

主题原则是一个植物配置的纲领，通过这个纲领，确定要通过植物景观表现什么样的主题。这种景观常常需要一种或几种特定的乔木、灌木、花卉，进而形成一种独特的风格，继续延伸并扩大其内涵，就会形成一种文化与精神特征。

以紫竹院为例，从上个世纪八十年代开始，经过多年的引种驯化，精心养护管理，共栽植 2100 余种 100 万株竹子，形成浓郁的竹文化氛围。这种主题植物，就像人类的骨架，起到支撑整个绿地或公园的作用。又如香山的红叶、玉渊潭的樱花、植物园月季园的月季等，都是以突出的植物主题，形成了自己独特的风格。

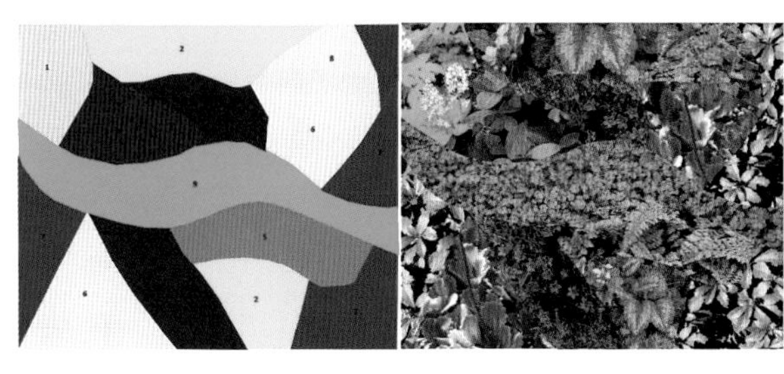

植物配置方案图

富贵草　小野芝麻　风铃草　长春花　虎耳草

大穗林花　粉色淫羊藿　叶黄水枝　婴儿泪

(2) 适宜原则
Fitness principle

植物配置平面图

该原则包含两方面的含义。一是常提到的“适地适树”。二是与四周环境的协调与适宜。适地适树原意为根据当地气候、土壤、地理位置等各种自然环境条件来选择能够健康生长的树种。通常的做法是选用乡土树种，这样可以保证树种对本地风土条件的适应，保证成活。但“适地适树”不能被拘泥于固定的树种中，一些经驯化、引种，能在当地生长良好的外来树种，完全可以被选入植物配置，而这些树种也常常是具有某些当地植物缺少的优点，例如金叶女贞的引进，为北京绿化增添了一个新鲜的彩色元素，也为植物造景提供更丰富的色彩空间。

另外一点就是植物配置要适应或符合园林综合功能的要求。例如，幼儿园的绿化与工厂的绿化有明显的不同，幼儿园不适宜栽植飞絮及带刺的植物，工厂要考虑选用抗污染能力强的植物，这是与其服务功能相适应的。

（3）时效原则
Time principle

所谓时效原则指的是植物配置设计时，要考虑长期与短期景观效果相结合，也要考虑达到某一特定效果所需的时间。在设计时可考虑将快长树与慢长树相搭配，适当考虑植物的生长空间与长势。若想在早期见效，可适当密植，几年后进行间移，但必须考虑到将来间移后的景观效果。

（4）经济原则
Economy principle

有人曾提出园林绿化与果品生产相结合，或者说是将果树应用到园林绿化中来。关于这种做法，笔者认为，在一些管理水平较高的绿地、或单位附属绿地上完全可以考虑，但在一些公共绿地上要慎重考虑。此处提到的经济原则不是这个意思。北京是世界上最缺水的大城市之一，年平均降水量不足 600 毫米，降水量在年内分配不均，对园林植物生长极为不利，需要按季节补充灌水。北京已从“水资源紧张”到了“水资源危机”，所以水成为园林植物景观中必不可少的考虑因素。

经济原则指的是发展节水型园林，或者是在植物配置中要适当考虑节水的问题。例如有节制地发展草坪，尤其是冷季型草坪，多选择耐旱节水的草坪品种，可采用暖冷季草混播，或选用耐旱的地被植物，如沙地柏、扶芳藤等。在配置中优先选取较耐旱的园林植物，如银杏、臭椿较绒毛白蜡、国槐耐旱，金银木、黄刺玫较紫薇、迎春耐旱。选择节水和耐旱植物材料，是城市园林可持续发展的关键因素之一。

合理的植物配置在空间上形成更加丰富的景致。

金银木

绒毛白蜡

2. 植物空间营造的作用
Function of Plant Space Construction

在现代庭院景观设计中，植物空间的营造是非常重要的问题。人们的生活追求、艺术情趣和审美意识在日益提高，这种变化同时也体现在人们对生态环境和优美的境域空间的追求上。庭园中的植物功能应该是多样化的，不仅有观赏娱乐的目的，还应有让人参与的功能。参与使人获得满足感和充实感，并且能通过植物配置的变化让有限庭院空间变化出更多的景观空间。这样，植物这一重要的构园要素，在庭院空间景观营造中的重要作用逐步凸显出来。

一般来说，植物空间营造的作用包括三个方面：

第一，植物多样的配置方式可满足庭院不同空间风景构图的要求；

第二，庭院景观的构景要素需要借助园林植物来丰富和完善；

第三，庭院中植物基本是绿色的，所以可以充当空间的协调者，使庭院形成统一的空间环境色调，在变化中求得统一感，也使人们在绿色的优美环境中感受到轻松与舒适。

提示：植物空间的营造能通过植物配置的变化让有限庭院空间变化出更多的景观空间，在现代庭院景观设计中起到重要的作用。如：可满足庭院不同空间风景构图，是庭院景观构景的重要元素，同时也是空间营造，美化环境的协调者。

3. 植物空间营造的表现形式
Form of Plant Space Construction

植物除了可以营造各具特色的庭院空间景观，还可以与各种空间形态相结合，构成相互联系的空间序列，产生多种多样的整体效果。

(1) 空间深度表现
Space depth performance

运用植物能够使原本并不是很大的庭院空间具有曲折与深度感，如一条小路曲曲折折地穿行于竹林之中，能使本来并没有多大的庭院空间具有了深度感。另外，运用植物的色彩、形体等合理搭配，亦能产生空间上的深度感，例如运用空气透视的原理，配植时使远处的植物色彩淡些，近处的植物色彩浓些，就会给庭院带来比真实空间更为强烈的深度感。

(2) 空间穿插、流通
Space interspersion & circulation

空间的相互穿插与流通能有效实现庭院中富于变化的空间感。将相邻空间设计成半敞半合或是半掩半映的形态，以及空间的连续或是流通等，都会使空间富有层次感、深度感。一般地说，植物的空间布局应讲究疏密不同，错落有致。在有景为伴之处，树木的栽植就应该是稀疏的，树冠要高于或低于视线，保持透视线，使空间景观能够互相渗透。可以说，庭院植物以其柔和的线条和多变的造型，比其它的造园要素更加灵活，具有高度的可塑性。一丛修竹、半树桃柳、夹径芳林，往往就能够造就空间之间互相掩映与穿插、流通，达到“步移景异”的景观效果，从而使庭院空间也随之变得更加灵动。

(3) 空间分隔
Space division

庭院景观设计中常利用植物材料分隔景观空间。庭院设计中往往运用植物来分隔空间，植物种类、形态、数量及不同的植物配置手法能营造出不同的景观空间。在庭院空间内往往利用中层植物及灌木作为庭院景观空间分隔的基本因素，这种围合的景观空间相对是属于敞开的。若在这个基础上再加上更多的中高层乔木的围合，那就会产生半敞开甚至相对封闭的景观空间。进而利用植物配置的变化来有效地对庭院空间进行有效分隔。

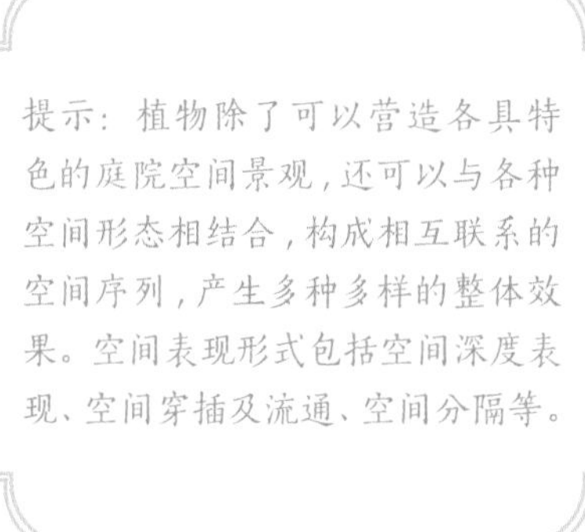

提示：植物除了可以营造各具特色的庭院空间景观，还可以与各种空间形态相结合，构成相互联系的空间序列，产生多种多样的整体效果。空间表现形式包括空间深度表现、空间穿插及流通、空间分隔等。

4. 庭院景观植物配置的原则
Principle of Courtyard Landscape Plant Furnishing

成功的庭院植物景观营造能给环境带来宜人的色彩、美妙的情趣，绿色植物的花朵和叶片的组合还能让庭院色彩变得更加柔和。

(1) 满足庭院四季景观
To satisfy courtyard landscape in four seasons

绿色植物是庭院景观空间营造中的主要构成因素，而在规划设计时需要考虑到四季景观的效果，需要考虑到地理位置及气候带的不同。如在中国北方，就需要实现“三季有花，四季常青”；而在中国南方，需要实现四季常绿，花开不败。具体问题，具体对待，应该重视常绿植物和落叶植物的比重，一般多控制在 1:2 或 1:3。通过绿色植物在庭院景观中的空间营造展现四季变化。

(2) 适地原则
Principle that be suited to land

在庭院植物景观营造中，地区不同，附近建筑朝向不同等诸多因素都决定了光照环境的不同。所以，庭院植物景观配置时要充分考虑植物的习性。如在水池、喷泉四周不宜种植银灰菊、棉毛水苏等忌土壤湿涝的植物。

(3) 适景原则
Principle that be suited to landscape

因为庭院空间有限，所以在植物配置中应该考虑利用植物提升庭院的空间感。例如在庭院中的休闲广场等活动区域，配置适量的芳香植物，能给人以鸟语花香的感觉。

提示：成功的庭院植物景观营造能给环境带来宜人的色彩，美妙的情趣，绿色植物的花朵和叶片的组合还能让庭院色彩变得更加柔和。庭园景观植物配置主要遵循三个原则：满足庭院四季景观、适地原则和适景原则。

5. 植物在庭院景观设计中的应用
Plant Application in Courtyard Landscape Design

(1) 草坪的应用
Application of lawn

草坪是庭院植物景观营造中重要的一部分，是自然而柔软的绿色地毯，是人们理想的娱乐休闲场所，在视觉上能增加庭院的开阔性，所以在庭院中应尽最大限度种植草皮。

(2) 时令花草在庭院中的应用
Application of seasonal plant in courtyard

庭院需要个性，需要呈现奇特的效果。适量使用时令花草，可以弥补秋冬季节植物的缺陷。庭院景观营造中，时令花草多应用于容器栽植。在一些生长环境欠佳、多年花境植物无法正常生长的区域，为了装饰庭院，实现景观效果，可用时令花草来布置。

(3) 焦点植物和植物群的运用
Application of focal plant & floral

为了达到让人眼前一亮的效果，需要在庭院景观设计中选用焦点植物，并且焦点植物要具备与焦点风景相称的特质。在中等庭院中的灌木丛中，可以选用红花作为焦点植物进行点缀，如选用杜鹃花、玫瑰花都能很好地实现景观效果。另外，在自然式庭院中，需要利用多变的线条和色彩来吸引游客的兴趣。一般可以利用植物拼成的图案来实现，如在红豆杉前，利用黄色、绿色、紫色等进行相互点缀，就会显得格外耀眼。

提示：植物在庭园景观设计中的应用可分为草坪的应用、时令花草在庭院中的应用以及焦点植物和植物群的运用。草坪是庭院植物景观营造中重要的一部分，所以在庭院中应最大限度地栽植草皮；庭院中需要个性，需要呈现奇特的效果，适量使用时令花草，可以弥补秋冬季节植物的缺陷；为了达到让人眼前一亮的效果，需要在庭院景观设计中选用焦点植物，并且焦点植物要具备与焦点风景相称的特质。

6. 庭院树木配置方式
Courtyard Trees Configuration

(1) 孤植
Isolated planting

在庭院中，单株树孤立种植，可以作为独立的庇荫树，同时一些名贵树木或是古木也能起到观赏效果。另外，树木孤植只是为了构图艺术上的需要，呈现树木的个体美，这样的孤植的树木多可以作为庭院空间的主景。一般情况下，树木孤植主要出现在大片草坪上，或是出现在花坛中心等。

(2) 丛植
Group planting

由几株同种或是异种树木构成一处小树丛，在不等距离间种植在一起构成一个小的树丛整体，也是庭院中普遍采用的方式。一般树木丛植都可用作主景，也有个别用作配景，或者用作背景等实现隔离措施。

(3) 对植 Symmetry planting

对植只能作配景出现，一般植物对植主要配置在入口建筑的两旁或是小桥头等区域，同时还要配以假山石来凸显其势，调节重量感，力求均衡。庭院中的不对称栽植，即在轴线两边所栽植的植物，一般来说其树种或是树木的体型不完全一样，但能很好地保持均衡状态。这主要是用到了天平均衡的原理，轴线两边给人的重量感一致。因此，在轴线的两边分别可以栽一株乔木，种一大丛灌木实现平衡。

提示：庭院树木的配置方式可分为孤植、丛植及对植。在庭院中，单株树孤立种植，可以作为独立的庇荫树，同时一些名贵树木或是古木也能起到观赏效果；丛植是庭院中普遍采用的方式，可用作主景，也有个别用做配景，用作背景等实现隔离措施；对植只能作配景出现，主要是用到了天平均衡的原理，轴线两边给人的重量感一致；

小结

植物文化和植物的运用在庭院植物景观空间营造中占据了相当重要的一部分，在设计的过程中要考虑到植物的文化应该能与庭院风格有机结合，还应考虑到与其他庭院文化要素相结合的运用。通过植物的巧妙选择与配置，不仅使得庭院景观在植物季相变化上有美丽的变幻，而且还能让原本有限的庭院空间产生更多灵动活泼、变化多样的景观空间。根据庭院空间的不同功能，利用好植物这个造景元素，结合其他硬质景观从而营造出更加优美的景观意境和景观空间。人们根据自己的视线、视点、行走的路径以及自己对景观的独特审视角度，来理解庭院中植物空间的变换和起承转合，从而达到“步移景异”、“小中见大”的庭院造景效果。在现代庭院景观设计中，植物景观已成为设计的主体。进行植物空间营造，要充分了解园林植物的特性，同时还应对其艺术元素的特性也要有充分的了解，最大限度地挖掘园林植物的形态及组合的可塑性、多样造型，促使庭院设计中景观空间巧妙组合，为广大人民群众营造一个富有生机和意蕴的庭院空间，赋予庭院空间诗情画意般和谐优美的景观意境。

第四节 庭院中花盆的应用
Application of Flowerpots in the Courtyard

1. 花盆选择
Flowerports selection

在别墅庭园中，要想吸引大众的目光，选择与植物匹配的花盆也是比较重要的。选择花盆时，不仅要考虑花盆的形状、比例，还要考虑花盆本身的特点和所种植植物的习性。比如，摇曳的水草装在微微鼓起的水罐里，就是一种不错的搭配。

花盆是指任何可以直接种植植物的容器。花盆与盆中种植的植物是一体的，某一造型的花盆需要特定的植物相配合，同样，某一植物也需要某一特定造型的花盆来衬托。两者的组合成功与否，还要看它们同庭园的整体景观是否协调。总之，设计师需要在花盆的体量、材质和风格上下些功夫。

制作花盆的材料是多种多样的，选择材料时，应该尽量发挥材料的固有特色。瓷制花盆是不错的选择，虽然它相对缺乏透气性，但能够抵御岁月的侵蚀，使用多年后依然如新。此外，金属、木材、石材、水泥等均可作为制作花盆的材料，其装饰效果也各具特色。

2. 花盆与植物
Flowerpots and plants

花盆以一定的组合方式排列摆放时视觉效果较好。比如将几种观赏植物同植于一个容器内，既有大自然的美感，又有艺术的内涵，其高度和风格都可以产生变化。也可以用形状相同的花盆种植相同的植物，以规则的方式成行排列，或者成对摆放在庭园的出入口处，以加强其空间效果。

提示：在别墅庭园中，要想吸引大众的目光，选择与植物匹配的花盆也是比较重要的，另外还需要考虑制作花盆的材料以及花盆摆放排列的的风格。

盆栽植物具有一定的造型特征，它可以扮演雕塑的角色，尤其是在单个花盆中种上植物时更是如此。同样的，可以把一组小花盆堆放在一起，选择一些形状各异、大小不一的花盆，只要它们的构成和颜色相似，就可以达成一种不规则但又很统一的效果。或者，也可以选择不同质地和风格的花盆，在盆中的植物上下工夫，使整体达到和谐。

第五节 地面铺装
Ground Pavement

1. 铺装样式
Pavement Style

精心布置的地面铺装可以营造丰富多变且具有层次感的庭院活动空间，设计者能够涉足的范围包括地面铺装的材质选择、平面图形的搭配、质感的差异、尺度的大小等，合理利用不同质感材质之间的对比可以形成更富节奏感的变化。

此外，铺装材料的选择还要注意到人的足感、舒适度等，甚至铺装本身也可以提供不一样的体验。例如在健身步道上铺设鹅卵石，就可以通过地面铺装的粗糙和不平整感来达到按摩穴位的健身效果；而在主要提供给孩子活动的区域，则要选用具有保护作用的软质铺装，例如草坪、沙地、塑胶等，防止摔倒、磕绊受伤。

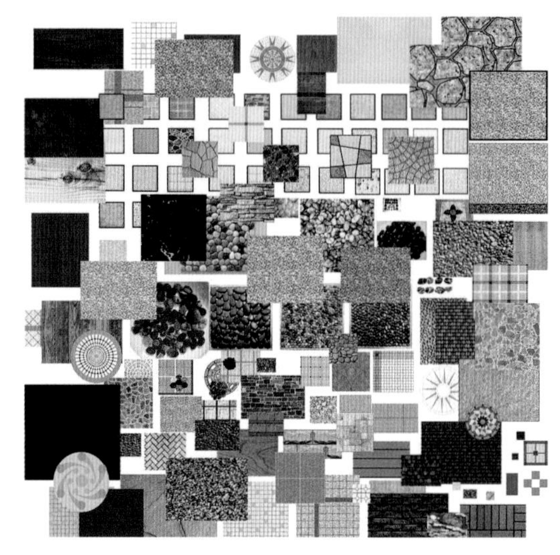

庭园铺地和室内的地板一样有着各式各样的种类和用途。它是庭园设计中最主要的元素之一，并决定着整个庭园的用途和魅力。

地面铺装样式图

提示：精心布置的地面铺装可以营造丰富多变具有层次感的庭院活动空间。此外，铺装材料的选择还要注意到人的足感、舒适度等。庭园铺地是庭园设计中最主要的元素之一，并决定着整个庭园的用途和魅力。

铺装材料包括：砖、混凝土、石板、砾石、地面植物、枕木、瓷砖、地被植物等。

2. 铺装材料 Paving Materials

砖 Brick

砖是一种很流行的铺地材料，可铺设成各样的图案，不仅经久耐用而且美观大方。它可用来铺设车道、庭院、园径和台阶，特别适用于游泳池的周边。

混凝土 Concrete

混凝土给人一种单调的感觉，但若用得巧妙，这种材料能和周围的自然环境融为一体，从而铺设出极具观赏性的实用型庭园。混凝土是一种比较便宜的材料，可用于庭园各处。它可单独使用，也可与其他材料，如木块、砖块一起使用。

石板 Stone

用这种材料铺就而成的园径、庭园和水池周围的地面不仅美观，而且实用耐磨。

砾石 Gravel

价格低廉，常常作为一种临时性的铺地材料，有时用来铺筑园径、平地和乡村车道。砾石可用于植物之间以创造一种镶嵌式的设计，或铺设在石板、踏脚石或其他硬质材料之间。

地面植物 Ground Plant

构筑绿色的庭园铺地，你不一定非得植草不可。事实上，你可选择并种植各种各样美丽的地被植物，以代替草坪并起到阻止杂草丛生的重要作用。许多地被植物还可种植在幼小灌木旁，以覆盖灌木周围的土壤，随着地被周围的生长，灌木也会逐渐长大。

枕木 Sleeper

用作枕木的木材通常都异常结实而且耐磨，所以适宜用在户外。它们是铺筑庭园和台阶的好材料，还可用来构筑地面树皮的花坛的边沿。在花坛和枕木之间最好种植一些地被植物，一来可以增加其魅力，二来也可以让人走在上面时有一种安全可靠的感觉。

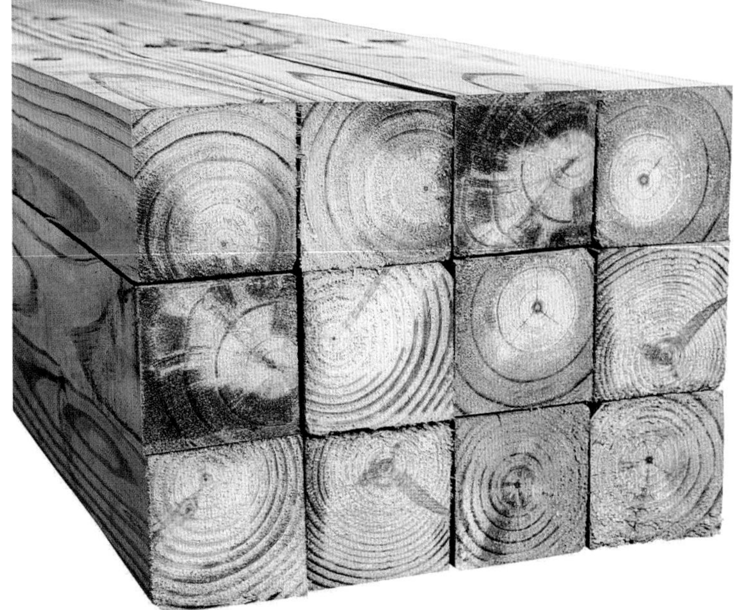

瓷砖 Ceramic Tile

瓷砖适合铺筑庭园和游泳池周围的地面。用于户外的瓷砖必需经过糙面加工以具防滑效果。水磨石地、瓷砖和机制地砖，它们的纹理和色彩能够与自然环境融为一体。

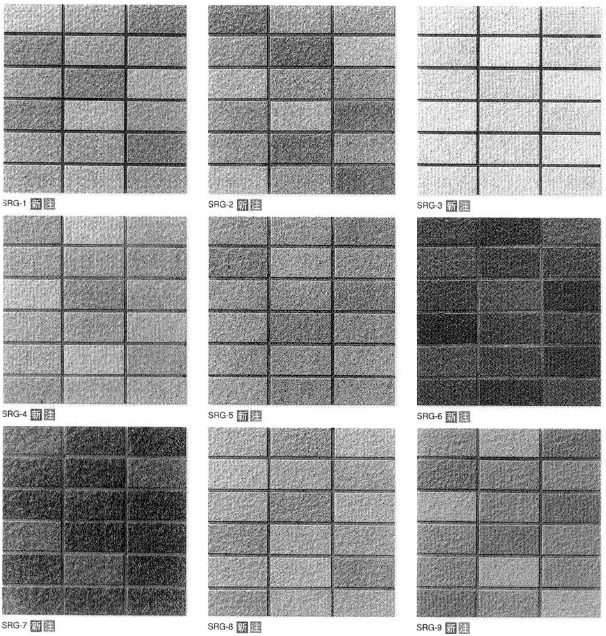

(1) 庭院中的大地艺术 Earth art in courtyard

利用零散的石料做出的弧形纹样给空间增加了很多神秘感和趣味性，在石块排列的部分，可以只堆放石子，还可以散铺玻璃球、贝壳、糖果等让人意想不到的装饰物，让庭院更加艺术生动起来。

(2) 铺装与草坪拼贴图案 Paving & lawn layout pattern

铺装与草坪形成图底转换关系，构成的花朵图案为庭院空间增添了活泼的氛围。铺装也被草坪切割出一些独立的空间，满足不同的用途。

(3) 镶嵌在草坪中的不规则石材 Irregular stone inlaid on lawn

在一个现代风格的庭院中，镶嵌在草坪中大块的石板铺装给整个空间增加了自然的气息和空间体验的变化。此类施工中，石材一定要选择厚于 5 厘米的石板，手工将石材边缘敲碎。基础的部分需要用水泥稳固，否则达不到平整的效果。

(4) 地面铺装上的种植槽
Planting groove on ground paving

在地面上镶嵌一些种植槽可以柔化硬质的地面效果。要注意，有种植槽的地方必须清除水泥灰土等各类基层材料，否则会烧伤植物根系而造成植物死亡。另外，此类种植槽最好在地下铺设排水系统以利于植物的生长。

(5) 砾石散铺的现代庭园
Modern courtyard with diffuse gravels

散铺砾石是现代庭院中最常见的一种铺装方式，在铺设时请注意选用没有尖锐角的豆石，避免对皮肤的割伤。

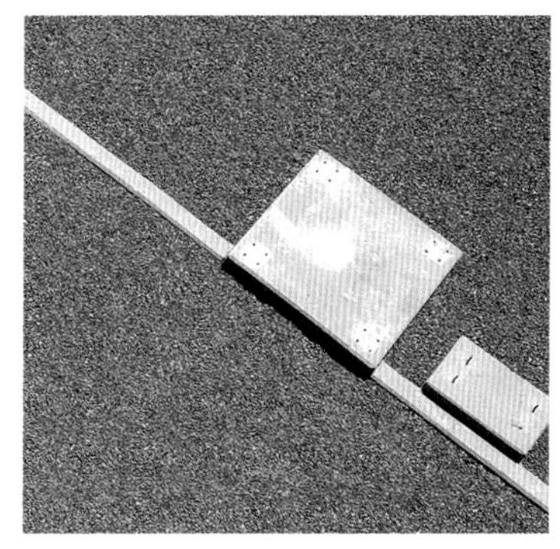

(6) 彩色水泥压膜地面
Ground with colored cement pressed film

此类铺装是用混凝土加上彩色颜料通过压膜工艺呈现完美的石材质感。最好对水泥地面进行收光处理，表面层的水泥浆一定不要含沙。如用卵石嵌边，卵石的高度也要和水泥面保持一致，否则容易绊人。

第六节 庭院照明
Courtyard Illumination

1. 庭院照明的价值
Value of Courtyard Illumination

照明在庭园的装饰布局中占有重要的地位，可以为户外增添一道亮丽的风景。几盏安放适宜的华灯会立即让庭园活力四射，映衬着桃红柳绿，使庭园倍增娇艳，给庭院、水池甚至烧烤炉也平添了几分魅力。有了五彩的灯光，即便是一座普通的庭园在夜晚也会幻化成一个魔幻的童话世界。

户外照明自然也有其实用价值。夜晚，在充满温馨氛围的庭院里，柔和的灯光让你尽情地享受生活的乐趣。灯光还能带给你一种安全感，它不仅可以将阴暗的角落照得通明，让那些偷偷摸摸的不速之客无处遁形，而且还能照亮园径和台阶等，不致让你在黑夜中磕磕绊绊。在一些有让人意想不到的巨石横亘的地方，就更应让明灯高悬。为安全起见，所有水池都应灯火通明，最好能安装水下照明系统以及泛光灯或聚光灯。

提示：照明在庭园的装饰布局中占有重要的地位，既可以为户外增添一道亮丽的风景，又有其本身的实用价值。有了五彩的灯光，即便是一座普通的庭园在夜晚也会幻化成一个魔幻的童话世界。灯光还能带给你一种安全感，它不仅可以将阴暗的角落照得通明，让那些偷偷摸摸的不速之客无处遁形，而且还能照亮园径和台阶等，不致让你在黑夜中磕磕绊绊。

2. 庭院景观照明原则
Principle of Courtyard Landscape Illumination

一、景观照明设计应体现“以人为本”的原则，应创造安静、幽雅、舒适的生活环境和意境。

二、灯光不得射入室内或给居住者造成光污染。

三、应以庭院内雕塑、小品、绿地、花坛等为照明设计重点。

四、灯具、光源、电气设备及控制设备应保证其安全可靠性。

提示：庭院景观照明一般而言遵循四点原则。

3. 庭院照明运用场景
Application of Courtyard Illumination

提示：庭院照明可运用于雕塑和景观小品、喷泉和水池、绿植等景观元素中。灯光可以使庭院在夜晚更加引人注目，带来强烈的对比效果，制造出大气梦幻的景象，给夜晚的庭园增添美景。

(1) 雕塑和景观小品
sculpture & landscape pieces

庭院里的雕塑没有了植物的衬托，可能也少了吸引人的亮点。适当加入灯光的点缀，可以使得庭院雕像在夜晚更加引人注目。温暖的灯光映在冰冷的石雕上带来强烈的对比效果。

(2) 喷泉和水池
fountain & pool

庭院里通常都会设置喷泉，夏天哗哗的流水让它抢尽风头，冬日里没有了水的的装点，一下变得死气沉沉。而给庭院喷泉也装饰上灯光，在夜晚流动闪烁的灯光活化了视觉效果，在庭院中央制造出大气梦幻的景象。

(3) 绿植
green plants

别墅庭院里少不了大大小小的绿植，虽然没有了茂盛的叶片，但小树和灌木还是能够变得充满生机。可以在这些绿植上面缠绕上大大小小的装饰灯，给夜晚的庭院增添了美景。

4. 庭院灯具种类
Category of Courtyard Lighting

(1) 光照类型
Illumination type

室外照明有直射型，即射出聚集的光束或光柱，还有普照型，即将灯光均匀地洒落在庭园里。有些照明设施的装饰性胜过其实用性，散发出的光非常有限。

直射型：聚光灯的光束射向特定的方向，一方面是为了实用目的，比如为庭园前门那片区域照明；另一方面是为了特别突出庭园里的某处焦点，如塑像，雕刻，花园长椅以及特别的花草植物等。此外，聚光灯还普遍被用于花坛之中（作向上照射灯用）。一般说来，具有反射性的照明功能会使景致更加迷人。有意识地将直射的强光打在墙壁或植物上使光照反射，或让聚光灯隐置于花草树木之中。聚光灯的光线直射出去后产生散漫的光照，这样的光照会产生更柔美更迷人的效果。

提示：室外照明有直射型，即射出聚集的光束或光柱，还有普照型，即将灯光均匀地洒落在庭园里。直射型一方面是为了实用目的，另一方面是为了特别突出庭园里的某处焦点；普照型只需在庭园内分区分片的安装照明设备，便可达到预期的效果。

普照型：除非你在一些关键地方合理地安排了一系列照明设备，否则将很难取得庭园普照的效果。不过这很少会成为一个问题，因为只需在庭园内分区分片地安装照明设备，即在特定的区域（如庭院或水池）里安装能给本区域带来光明的照明设备，便可达到预期的效果。这些地方用一般的电灯和壁灯即可。

(2) 庭院灯具选择
Selection of courtyard lighting

适宜在花坛和庭院里使用的灯具不胜枚举。这些灯具都暴露在外，所以一般都是带有保护盖的封闭式灯具。用于花坛的灯具一般都配有塑料长钉，以便能够稳稳地固定在花坛里。如果你想在户外，尤其是在庭院里营造浪漫情调，那么低压照明设备将是最明智的选择。

只有在非常显眼的地方，灯具的款式才会显得非常重要。古色古香的维多利亚灯一定会给维多利亚式住宅的入口处增添几分优雅的魅力；同样，日式石灯笼更能突出日式庭园的独特风格。不过，很多灯具最好还是藏而不露，这样它们不仅可用于照明，更重要的是能为庭园创造出某种迷人温馨的气氛。

提示：室外照明有直射型，即射出聚集的光束或光柱，还有普照型，即将灯光均匀地洒落在庭园里。直射型一方面是为了实用目的，另一方面是为了特别突出庭园里的某处焦点；普照型只需在庭园内分区分片的安装照明设备，便可达到预期的效果。

庭院灯柱

灯柱照明非常适合车道及园径，两排整齐的灯柱会放射出灿烂的光芒。灯柱的选择第一要达到一定的亮化效果，方便晚间居住者出入；第二要符合整个庭院的风格，起到相映生辉的效果；第三要注重美观性，既不要太单调，也不要太过炫丽，不使人产生审美疲劳。

泛光灯

泛光灯强烈的光照足以让大面积的区域“明亮如昼”。但由于在庭园里就连微弱的灯光也会照到很远，所以泛光灯鲜有用武之地。不过，如果宅第特大，安全又是必须考虑的主要因素，泛光灯就大有用处了。如果你拥有一个网球场而又想在晚上打球的话，泛光灯也能派上用场。

向上照射灯

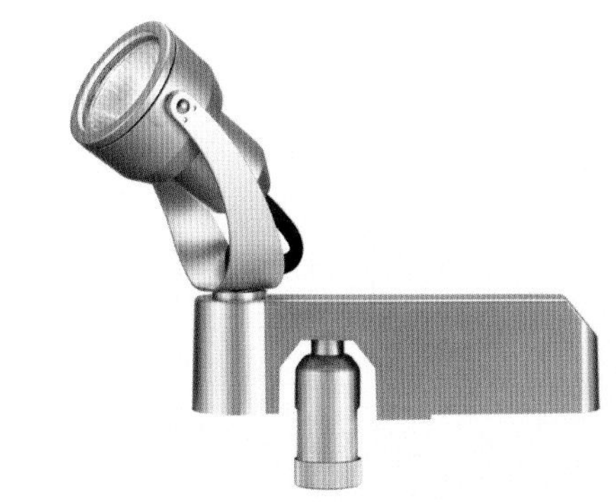

向上照射灯既可以“普照’，又可以“直射”，因此在种满灌木和多年生植物的园地里能起到特别的烘托作用，而且还能将树叶照得通明（最好能将灯光设备安装在树干背面，以产生出妙趣横生的剪影效果）。

聚光灯

聚光灯可安装在房屋的外墙上，也可集中装在一棵大树的树枝上，它们的光照强度在很大程度上取决于它们所处的位置。聚光灯在烧烤园及其他室外就餐处显得特别有用：你可以将其灯光聚焦在桌面上，或者将灯光聚焦在雕塑及庭园的其他装饰景致上。把聚光灯安装在水景附近，其效果会更加妙不可言，诡秘的波光闪动着金色光环，在夜色的映衬下将显得格外迷人。如果庭院在晚间有特别用途比如看书，用聚光灯照明就不失为一种明智的选择，其照明效果不亚于任何一盏室内台灯。

水下灯

水池与温泉在修建的时候一般都配备水下照明系统。这不但是出于美学上的考虑，也是出于安全的需要（水下照明设备能够让你注意到游泳者的情况，万一出现意外，好尽快采取有效措施）。如果水池没有安装水下照明系统，那么一定要在其周围安装聚光灯、电灯或者泛光灯。切记，铺地打湿后会非常滑，在夜晚可能会带来危险。除了安装水下灯及特别的照明系统外，不妨考虑在其周围庭院配备照明设备以强化水池的视觉效果，特别是如果你想晚上在池边招待客人。

壁灯

用于庭园及外墙的灯具类型相当多，有普通的白炽灯，也有漂亮华美的托架灯。安装位置较低的壁灯同样也可以为台阶提供照明。

蜡烛

虽说蜡烛属于临时性照明的范畴，但在庭园里仍然有它们的一席之地。你可以在露天的餐桌上点燃一些普通蜡烛，让摇曳的烛光营造出温馨的气氛；或者在庭园的地上摆放一些烛台，并在里面点起慢燃型蜡烛。更为考究的竹编灯笼在庭园里也可派上用场。在喜庆的良宵佳节，你可以在装有半笼沙子的褐色纸灯笼里点燃蜡烛，以确保美丽的烛光在晚风中仍能摇曳生辉。漂浮蜡烛可以放入餐桌上装满清水的器皿中，也可以让它们在池塘或游泳池的水面上悠闲地漂浮，它们也会为良辰美景增添迷人的情趣。

灯笼

高悬的灯笼可用在庭院以弥补永久性照明系统的不足。市场上出售的灯笼款式多种多样，比如石蜡灯和油灯，还有便宜的蜡烛灯。预防强风的防风灯不但有其实用性的一面，而且用在维多利亚式庭园里还非常美观。

彩灯

彩灯自然也具有装饰作用，但一般更适宜在良宵佳节时使用，而不是作为庭园的永久照明设备。在娱乐型庭院里、烧烤场、树枝上张挂彩灯可以营造出一种节日的气氛。当然，如果你打算安装永久性彩灯，那么首先要考虑的问题是不同的色彩对植物的叶片可能产生的不同效果。比如说，蓝色灯光属冷色调，照在植物身上会显得极不自然，因此一般很少使用蓝色灯。对于绝大多数庭园来说，绿色和琥珀色是最佳选择。

案例赏析

CASE DISPLAY

中式休闲后花园

CHINESE STYLE LEISURE BACKYARD

项目名称 / 万科翡翠样板花园

设 计 师 / 张向明

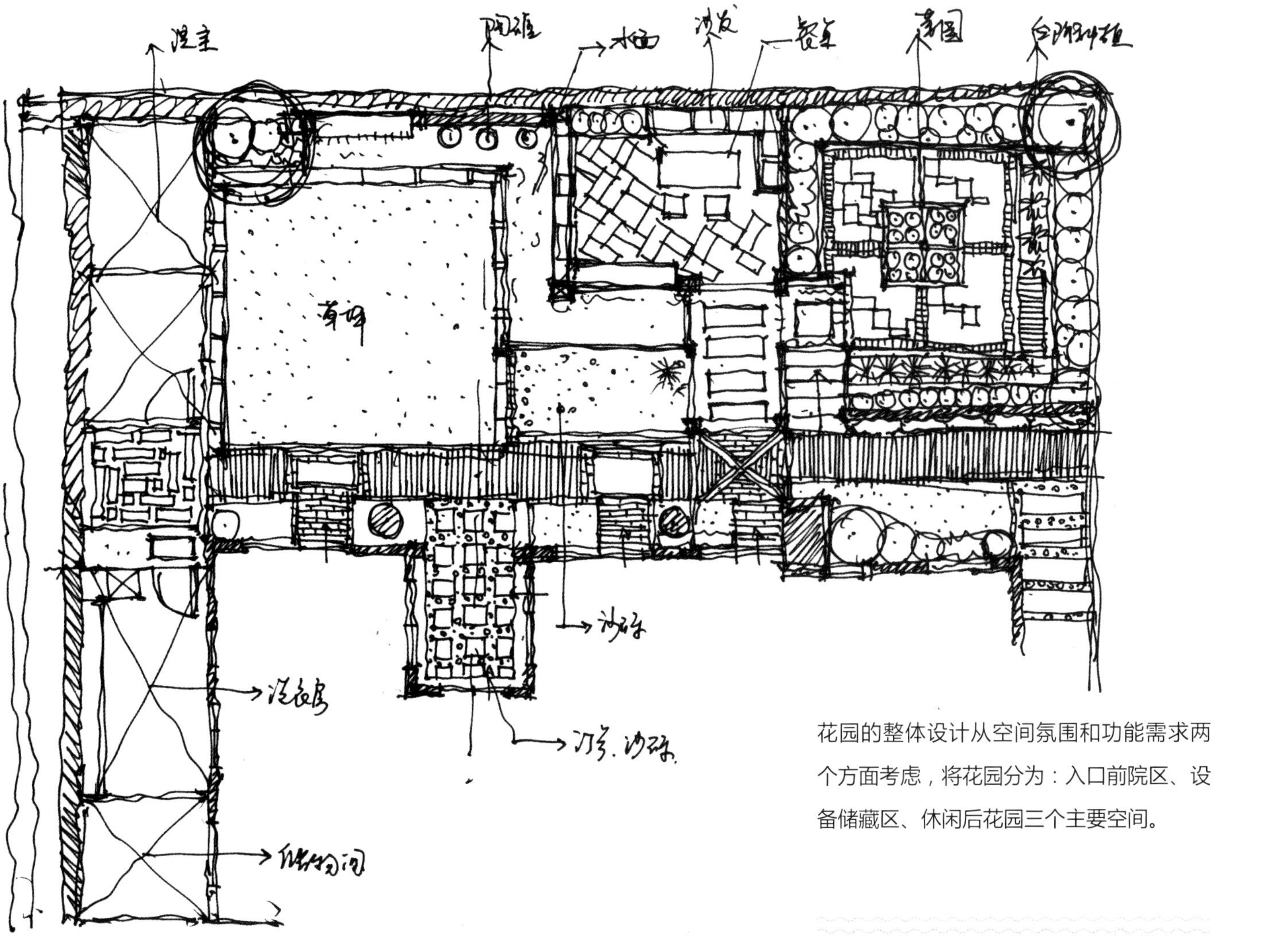

花园的整体设计从空间氛围和功能需求两个方面考虑，将花园分为：入口前院区、设备储藏区、休闲后花园三个主要空间。

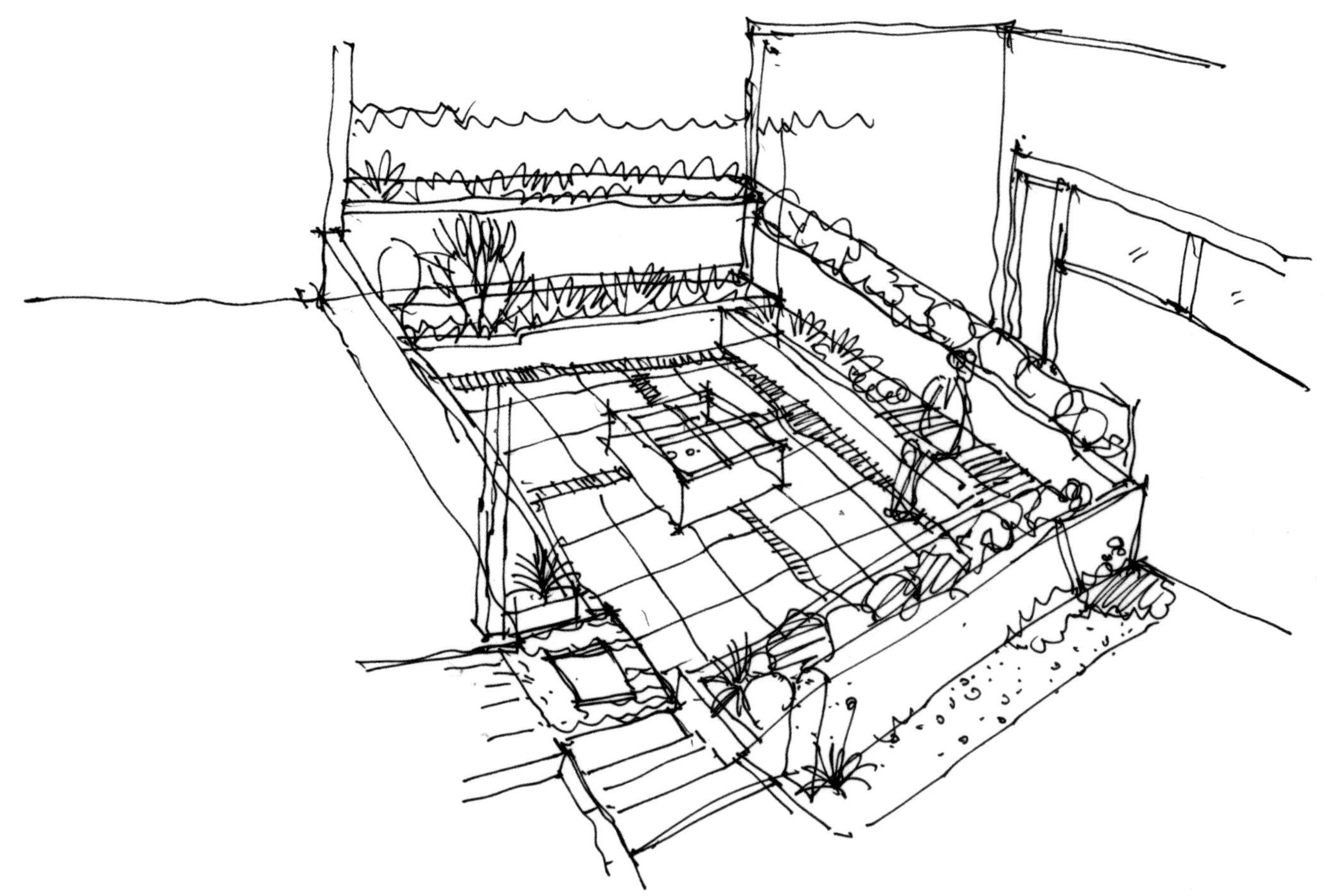

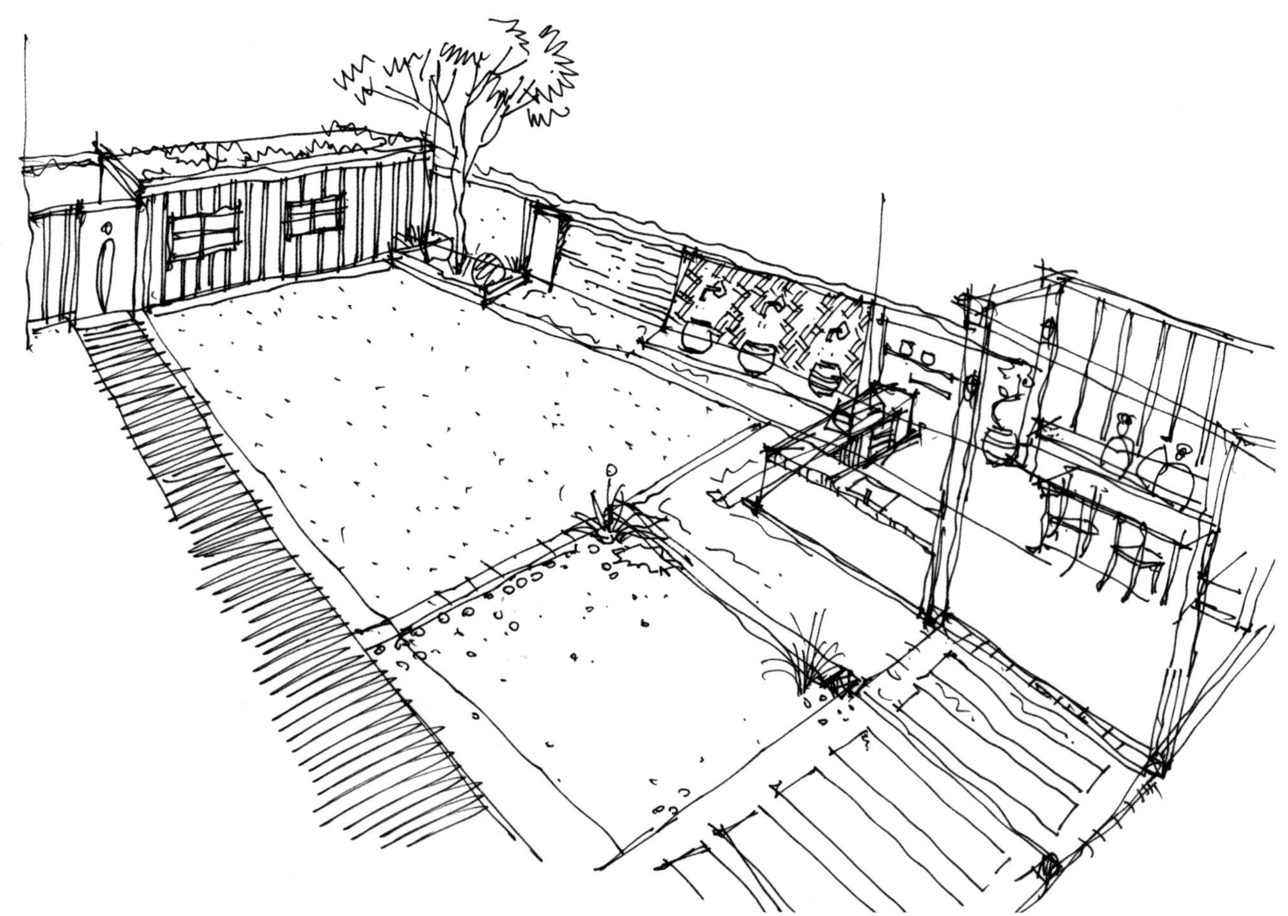

入口前院区

一进花园，潺潺流水声使宾客感受到了主人的热情好客。这里，我们设计了简约大气的水景墙。

水景墙主要使用石材饰面，由高低两面墙组成，高墙如同照壁，在增强围合感的同时，也保证了别墅入口的私密感；高墙前的种植槽内，色彩高雅的植物为整个水景增添了一抹亮色；矮墙上，水流从不锈钢出水口槽喷涌而出，动感十足。

再加上丰富茂盛的植物掩映，前院活泼欢快的氛围更为浓烈，表现了主人热烈欢迎宾客们到来的心情。

设备储藏区

走过幽静的通道，会看到一个精致的木屋，这是设备储物间。我们利用这个相对独立的小空间，把外置的设备集中在这里，并利用多余的部分，储藏花园工具等。可以说，这是有效利用角落空间的一个经典方式。

休闲后花园

休闲后花园根据一家人不同成员的生活习惯和个性特点，细分设置了：户外烧烤料理区、草坪休闲活动区、风雨亭区和下沉菜园养生区。

户外烧烤料理区主要是为女主人设计的。方便齐全的料理设施和宽敞平整的操作台，使女主人可以轻松地在户外制作精致的糕点、美味的佳肴，招待家庭成员或是来聚会的亲朋好友。

草坪休闲活动区主要为孩子们提供了玩耍嬉戏的空间。考虑到不同年龄的孩子有自己的游玩方式，我们提供了这样一片富有灵活性的场地。孩子尚小的时候，可以在草坪的某一处挖一个沙坑供其玩耍；孩子稍大，可以装个篮球架，打打篮球，比拼一下；又或是几个孩子在草坪上翻滚奔跑，尽情享受户外活动的快乐时光。

占后花园中心位置的风雨亭则是为一家之主精心打造的。男主人可以在此抽抽烟、喝喝茶，与朋友们聊聊天，把这里当作会客的户外客厅。一边是女主人精心烹饪的美食香味，一边是涓涓细流发出的悦耳音乐，一边是孩子们欢乐的笑声，一边是老人幸福的笑脸，坐在风雨廊里的男主人，目睹这一切，会感叹自己的辛苦打拼是如此值得，为自己感到骄傲，为生活美好感到欣慰。

最后一片特意做下沉处理的菜园养生区为老人提供了消磨时光的好地方。看着自己亲手栽种的瓜果蔬菜蓬勃生长，汗水换来了丰硕的果实，老人们欣慰喜悦之情溢于言表。自己的孩子已长大成人，成为家里的顶梁柱，自己的孙辈正享受快乐的童年，现在是自己享受天伦之乐的时候了。

我们在后花园最醒目位置设计了流水景墙。整面景墙充分考虑了室内的观

景效果，选择了阳光充足的位置，从室内望去，就如一幅长卷。墙上的 6 个出水口水流源源不断，寓意财富也这般一直涌向主人家。

整个后花园拥有一个完整的水循环系统，由流水景墙、风雨廊边的水池和流向下沉菜园的跌落瀑布组成。通过过滤系统和循环系统的运作，保证了水系统的流动效果，赋予花园灵动之美。

植物设计方面，以丁香、柚子、桂花、石榴等传统优良乔木作为骨架，用色彩丰富、易于打理的各种观叶开花灌木草花形成层次鲜明、视觉效果好的植物景观。

初春绽放的玉兰寓意金玉满堂，金秋飘香的桂花象征富贵荣华，鲜艳的石榴寄托多子多福的美好愿景，淡雅的丁香抒发高洁美丽的诗意情怀。一年四季，皆因这些美丽又好口彩的植物而显得丰富多彩，变化多端，富有生命力。

休闲假日花园生活

LEISURE HOLIDAY GARDEN LIFE

项目名称 / 景瑞太仓望府
设计公司 / 上海张向明景观设计有限公司
设 计 师 / 张向明
面　　积 / 190 平方米
位　　置 / 太仓市常盛南路

这是景瑞地产在太仓开发的一处经济型别墅，建筑面积 190 平方米。对于很多初次入住别墅的业主来说，他们缺少别墅生活体验，对未来的别墅花园生活毫无概念，而此次的设计任务是向目标客户展现未来别墅花园生活的真实场景，从而激发客户的购买欲望，最终实现销售的快速达成。

这户样板庭院的优势在于临近公共河道有开阔的景观视野而且可以接对岸的景色，所以整体的方案设计是围绕着水进行。我们为女主人在河边设计了户外瑜伽区，为男主人设计了临河垂钓区。另外男主人特别喜欢在家里举办小范围的私密派对，我们还特意布置了户外烧烤区、吧台，再通过浓烈的色彩搭配，将一个鲜活的充满生活气息的花园展现在了用户眼前。

入口花园：舒适的木板铺设平台空间，营造惬意舒适的生活环境。同时花园入口边摆设的花钵渲染了庭院情趣，为整个庭院带来不一样的心灵体会。

花园聚餐台：是一处供全家人乐享的户外活动空间，也是一处使用频率最高的多功能场地。设置了户外厨房和就餐桌椅，特殊的沙发搭配马赛克景墙空间，与木质凉棚勾勒出一幅休闲乐活的户外场景。

流动的花园：多层次的园艺种植，动人的水景设计加上经过特殊手法处理的景墙。浪漫悠闲的午后，自在地享受一下私人午后时光。

温馨亲子空间：奢侈的阳光草地空间，设置了色彩斑斓的儿童桌椅和浪漫而舒适的秋千。柔软而充满生机的草坪与石板铺路和木质平台理想的搭配，达到了细腻纯朴的自然效果，在划分出不同的功能性空间的同时又使其相互和谐统一。

整个花园的面积不大，但却利用率充足，并设计出能满足全家人不同需求的功能空间，家人亲朋可以在此轻松共享惬意的花园时光。

东边套庭院

庭院主题：月光 Party——葡萄美酒月光杯的浪漫生活

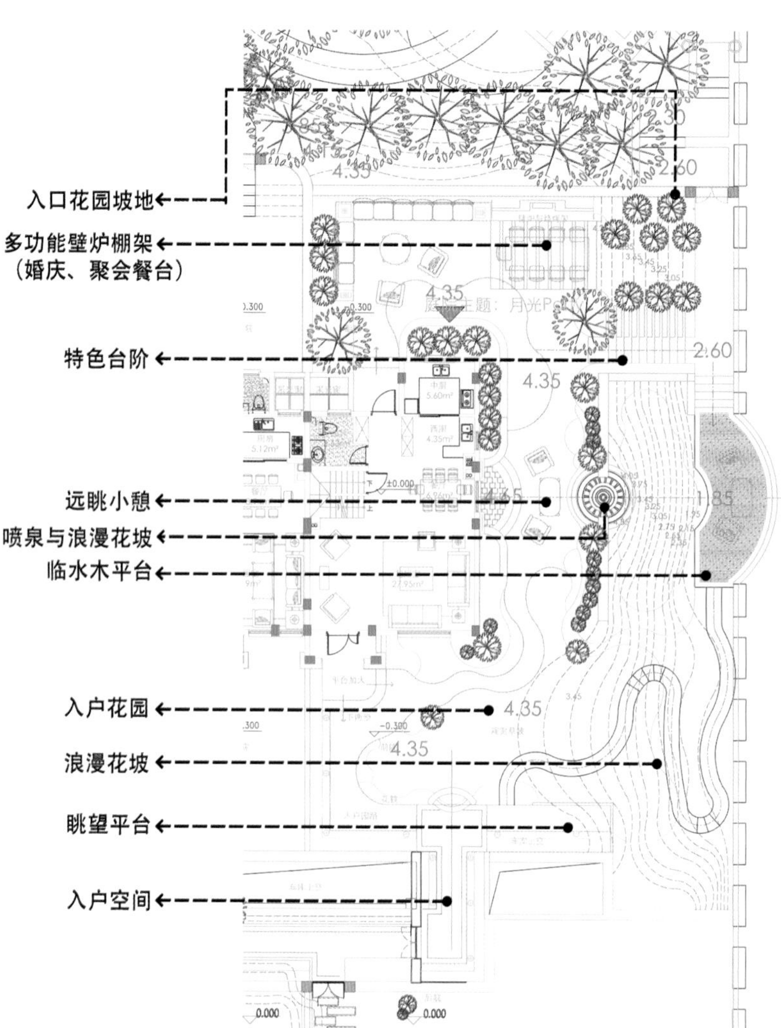

西边套庭院

庭院主题：乐享花园——全家轻松共享的惬意花园时光

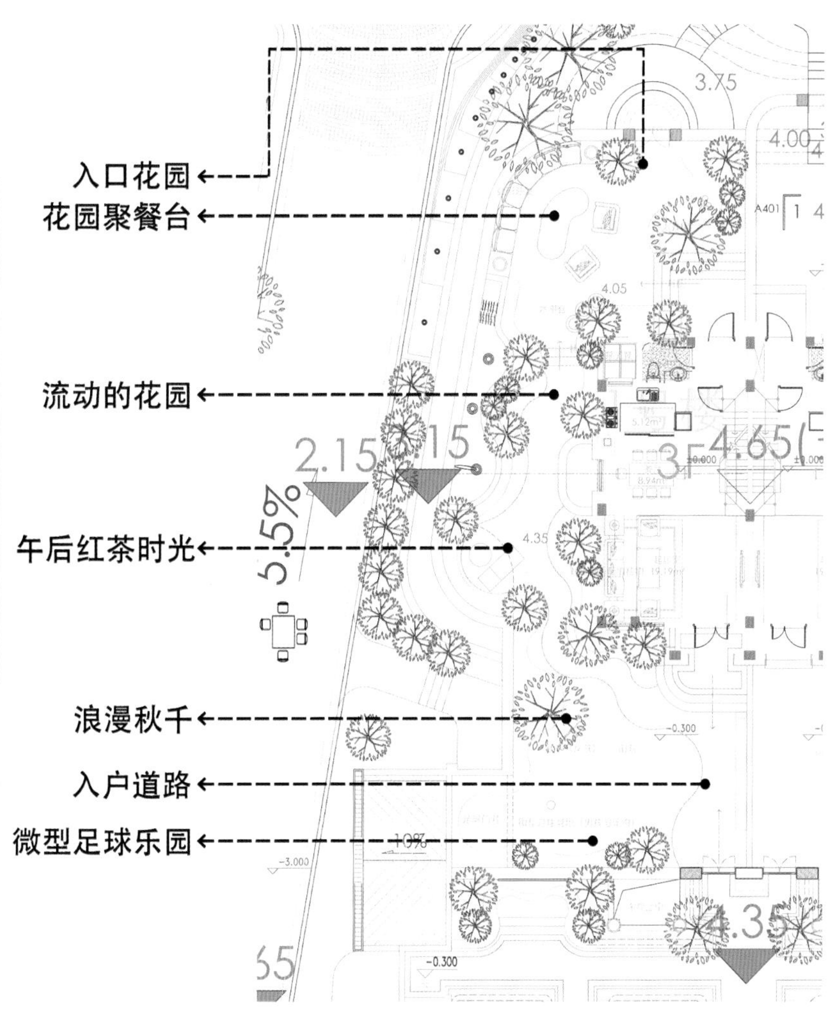

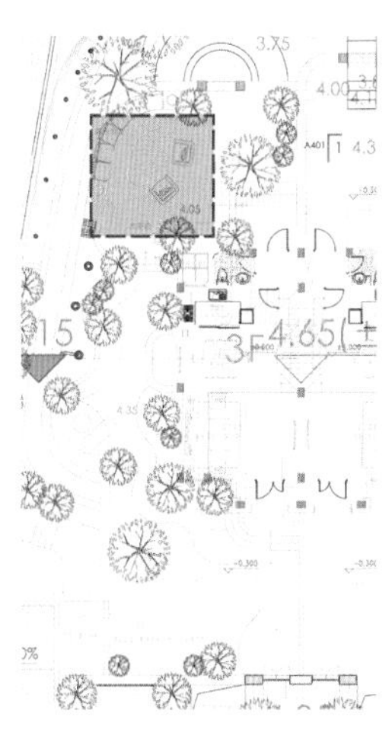

花园聚餐台

-- 全家亲友共享的欢乐空间

-- 使用率高的多功能场地

-- 特殊的沙发景墙空间

天鹅语花园软装

COURTYARD SOFT DECORATING OF SWAN'S WHISPER

设计公司 / 上海张向明景观设计有限公司
设 计 师 / 张向明
面　　积 / 120 平方米
位　　置 / 上海市嘉定区洪德路胜辛路交会处

这也是个样板庭院项目，位于嘉定新城 11 号线胜辛路地铁附近，分地面花园和屋顶露台两个部分。

地面花园面积 90 多平方米，是个入户花园，起初以花境种植、植物观赏为主。后来我们还是建议甲方可以在此添加户外就餐或下午茶的功能，得到了积极响应，于是在种植带中，嵌入一块 3.5 米 x3.5 米的木地板，并在地板上方支起一座白色的帐篷，里面摆放了户外餐桌和烧烤设备。这是一种快捷有效的造景方式，对于工期紧张的地产样板项目来说具有较好的借鉴意义。

屋顶露台 30 平方米，是主卧的附属户外空间。我们把这里打造成夫妇二人比较私密的户外空间，规划了下午茶和阅读区以及一个园艺区，满足一下女主人对多肉植物狂热的喜爱。

蓝色地中海风格

BLUE MEDITERRANEAN STYLE

项目名称 / 成都锦天府蓝色庭院

设计公司 / 上海张向明景观设计有限公司

设 计 师 / 张向明

面　　积 / 250 平方米

位　　置 / 成都市东二环

地中海风格的庭院多数以黄红色系的墙体和陶罐摆件来强调阳光化生活的舒适闲逸。而本案例的设计亮点却是使用了明亮的翠蓝色作为主体点缀，从而令这个植物茂盛的庭院有了别样的风采。

架设的木质平台上，翠蓝的铁质布艺椅套件无疑是这里的主角，呼应的设计还有地板上的蓝色花纹地毯以及平台四角的蓝格子布帘，布帘更可以在需要时拉上提供一定的私密。几个茶几用的是纯粹的黑色铁艺，呈现十足的地中海特性。平台上方加设了造型别致的风扇，为人在炎热的夏季带来凉意。

紧挨着平台后方的是花园尽头的水景墙，配合着蓝色主题。这次的墙体用的是暗色雕花石材以及木条的组合，而 4 个翠蓝色大陶罐置于墙体前方显得尤为突出，与木质平台上的整套铁艺椅形成完美的呼应。

平台前方的地面种满了造型各异的花草，突出了生活的情趣。庭院中间一条蜿蜒的汀步小道缓缓通向平台，不规则的石材形状和丰富的肌理切面充满了自然质感。坐在平台的沙发椅上环顾四周，满眼的绿色葱葱与繁花似锦，其中又有几抹鲜亮的蓝色跳跃而出，别具一番特别的风情。

红酒派对户外生活

WINE PARTY OUTDOOR LIFE

项目名称 / 绿地银川香树花城

设计公司 / 上海张向明景观设计有限公司

设 计 师 / 张向明

面　　积 / 180 平方米

位　　置 / 宁夏回族自治区银川市

银川身处我国西北腹地，这里气候干燥，风大沙多，全年当中适宜在户外活动的时间其实并不多。尽管如此，也是基于甲方向客户们表达和展现别墅花园生活的美好愿望，我们承接了这个遥远的西北花园项目。

两套样板庭院分别设定了两个不同的主题。北户是红酒派对主题，里面有个方形的亭子，体量比较大，显得有些生硬，与周围环境很难协调。我们在其四周安装了酒红色的帷幔，顶部有造型独特的厚重的铁艺吊灯垂下来，亭子下方摆放了一套超长的十人桌椅，这才让巨大的廊架下方显得充实、饱满起来。

说到这里，我想穿插一句，景观软装其实不应该与所谓景观硬装分离开来，应该合并在一起，统筹考虑。或许这是个新兴行业，很多甲方和景观设计单位也都缺少这方面的考虑，都是等景观施工完成了，才想到由景观软装单位来进行优化和升级改造。这时候介入就比较晚，效果也不尽人意，最终不得不去做一些弥补硬装失误或者缺憾的工作，难以发挥景观软装这个专业应有的积极意义。

另一套是海滨度假主题。干旱的大西北和美丽东南沿海城市，有个共同点就是沙多，但是此沙非彼沙。我们还是想在两种沙之间建立某种臆想和关联，于是有了这个滨海度假的花园主题。我们在户外餐桌的布置上，特意使用了沙黄、米白和海蓝，三种颜色相互穿插交错，共同演绎了一幅在海边聚餐的热闹景象。

充满爱意的儿童乐园

CHILDREN'S PARACLISE FULL OF LOVE

项目名称	/	绿地长沙海外滩
设计公司	/	上海张向明景观设计有限公司
设 计 师	/	张向明
面　　积	/	180 平方米
位　　置	/	长沙市湘江北路与高冲路交汇处

这是去年六一节前匆忙完工的一个项目，也是我们从设计到完工花费时间最短的一个项目，此项目颇具代表性，因为这样的情况在地产行业早已见怪不怪。

记得甲方在 24 号打电话给我，说项目六一儿童节正式开放，现在花园正在做种植，希望景观软装在种植结束后立马跟上，争取在六一节早上向长沙市民展现一个充满生机活力、充满爱意的一座花园。

对于初次住别墅的人来说，有迫切向亲朋好友共享一份喜悦的心情，我们在西南角最开阔的平台上布置了户外餐厅和烧烤架，各种烧烤工具、盘碟应有尽有，女主人可以一边招呼亲友一边忙活，两不耽误；孩子们安排在了不远处的草坪上，草坪有着微小的起伏，秋千上摆放着可爱的小熊，秋千下方有一块野餐垫，孩子们在这里自由自在地奔跑、嬉戏、追逐，丝毫不用担心他们的安全。这大约是很多客户脑海中经常浮现的美好景象吧。

花园有时候更是一种美好心情的表达，一种幸福感的体现，花园设计师、软装设计师要深入客户的内心，去挖掘并帮助客户表现出来。

新亚洲度假风情

NEW ASIAN RESORT STYLE

项目名称 / 旭辉杭州滨江

设计公司 / 上海张向明景观设计有限公司

设 计 师 / 张向明

面　　积 / 6900 平方米

位　　置 / 杭州市滨盛路扬帆路交叉口

这是旭辉集团在杭州重点打造的一个中高端楼盘，首次在景观软装上投入重金，为的就是与周边大量同质同类项目拉开距离，出奇制胜。该项目面向的都是 25-35 岁的年轻群体，为了迎合这个年龄层次的审美和价值观，软装着重于营造一种新加坡式新亚洲度假风情，沿着中央水景设计了一系列的会客、洽谈以及烧烤等功能区，每个空间都有各自鲜明的主题。

样板区总平面设计图

01 展示区入口水景
02 展示区入口
03 展示区外围形象灯光围墙（草坪结合案名 LOGO 布置）
04 树群密植区（对周界干扰进行隔断）
05 售楼处建筑入口
06 售楼处室内空间
07 背景竹林区
08 园林体验区入口
09 水中吧台
10 无边水池
11 未来架空层与室外会客区样板展示 1
12 未来架空层与室外会客区样板展示 2
13 会客会友区
14 室外阅读区展示（未来 VIP 业主专享）
15 室外派对区展示（未来 VIP 业主专享）
16 儿童游乐区展示
17 室外烧烤区展示（未来 VIP 业主专享）
18 室外雪茄区展示（未来 VIP 业主专享）
19 园林体验区出口（回至售楼处）

整个示范区是个封闭的四合院，售楼处位于东边，北边两栋临时搭建样板房，西边一栋样板房，南边有三个功能分区：会客区、下沉式洽谈区和公共户外聚餐区。参观动线也是一个回字形，

从售楼处出来首先映入眼帘的是一大片开阔的无边水池，我们想在这里打造成东南亚精品度假酒店的感觉，让客户感受到轻松和悠闲，来这里不是看房更像是度假般的享受。

下沉式洽谈区是这个空间的亮点，参观者坐在这里，视线与水平面一样高，人与水面中倒影着的蓝天白云如此之近，触手可及，是一种非常独特的体验。

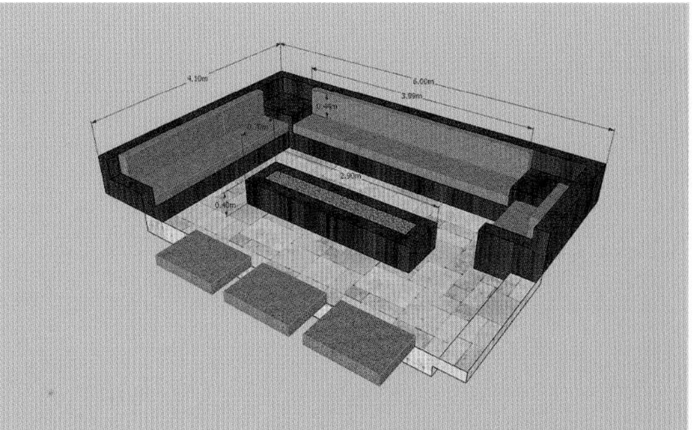

4.10m
6.00m
3.99m
2.90m
0.40m

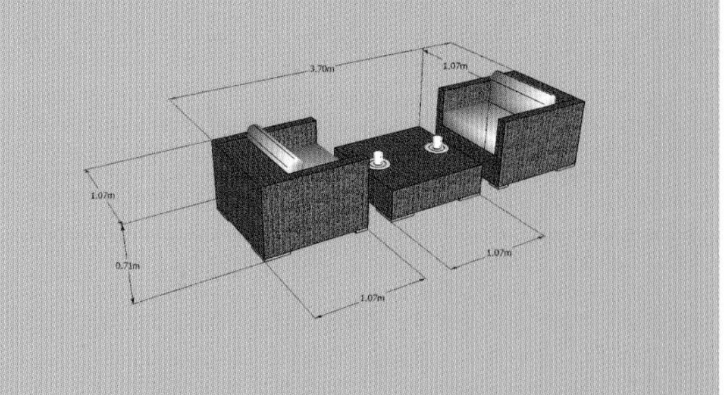

3.70m
1.07m
1.07m
0.71m
1.07m
1.07m

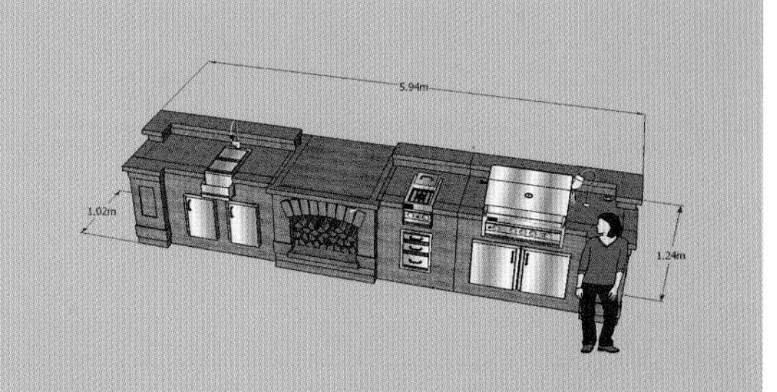

5.94m
1.02m
1.24m

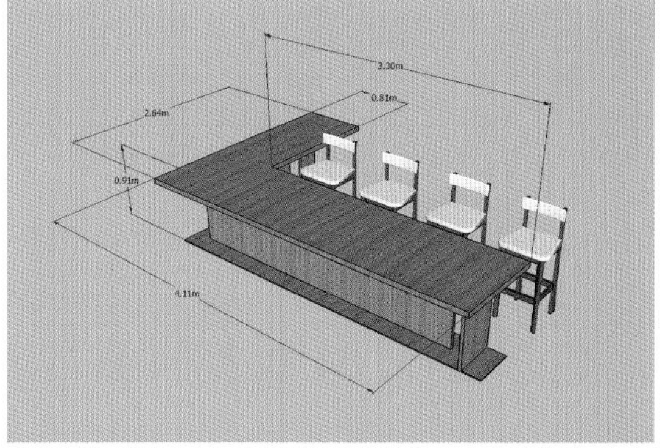

3.30m
2.64m
0.81m
0.91m
4.11m

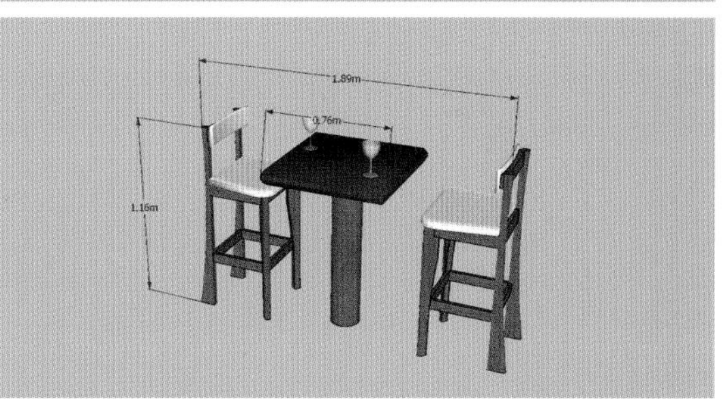

1.89m
0.76m
1.16m

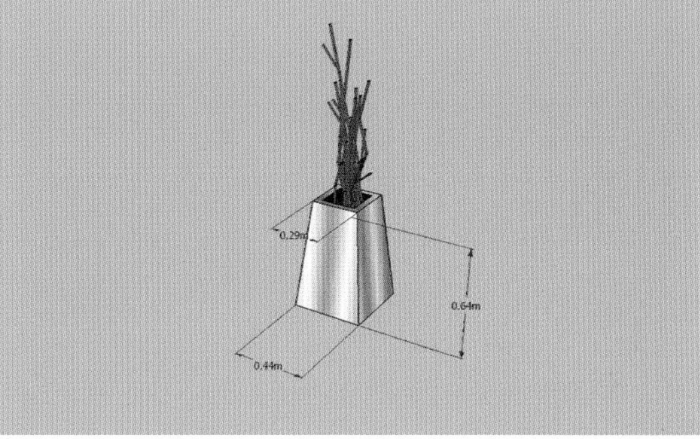

0.29m
0.64m
0.44m

会客区：下沉洽谈区再往前就是北边的两户样板房。样板房对面我们设计了两组户外会客区，U 形固定式沙发与四周的花坛植物紧密相拥在一起，由于项目开放是在下半年深秋时节，考虑到使用者感受，我们特意制作了两个燃气烤火炉，天气稍凉，轻轻打开点火开关便可以

享受炉子中散发出来的光和热量了，熊熊火光也为整个院子带来一丝热烈与浪漫的气息。两组固定式户外沙发，表层刷了黑色的氟碳漆，会感到有些沉闷，我们特意选配了与建筑外立面相近的浅咖啡色坐垫，以及度假风情的蓝白、亮黄色抱枕，让人联想起蓝天白云和金黄的沙滩。

以大草坪为中心，东南角设计了儿童滑梯秋千等。公共聚餐空间是个新元素，对于未来的住户来说，可以很好地帮助住户间建立和睦友善的邻里关系。

中央广场户外软装

CENTRAL PLAZA OUTDOOR SOFT DECORATION

项目名称 / 成都绿地中央广场

设计公司 / 上海张向明景观设计有限公司

设 计 师 / 张向明

面　　积 / 30000 平方米

位　　置 / 成都市武侯区二环路南一段

这个项目地理位置相当优越，位于成都市中心，二环路边上。甲方希望营造一种身处闹市却心向田园、居住在公园里的独特感受，景观示范区里成片种植腰粗大树和一眼望不到边的嫩绿色草坪，可谓是大手笔。示范区后场有一万多平方米的大草坪和一条 2 米多宽的环形塑胶慢跑道，寓意着健康和活力。五栋搭建样板房像珍珠一样串联在这条红色的跑道上，每栋样板房出入口的位置都留了大约 20-60 平方米或大或小的逗留平台，我们将他们分别打造成公共会客厅、户外洽谈区、户外烧烤派对区、奶牛农场等等具有实用功能且饶有趣味的小空间。

烧烤区可以容纳 50 人的集体活动，大片柚木户外桌椅紧凑地排放，火红的坐垫抱枕和餐巾与白色的遮阳伞相映成趣，长达 2 米由黑色烤漆和亮面不锈钢组成的烤箱，现代感酷劲十足，用手轻轻掀开烤箱盖，能感受到高品质产品的厚重与价值感。

与烧烤区相邻的奶牛农场，是整个示范区人气最旺的地方，每天都挤满了小朋友。这里以后永久交给居民们使用，让居民亲自体验在这里种植各类绿色蔬菜。

都市农庄
City Farm

儿童活动区有着起伏的缓坡地形，地面铺满了柔软的塑胶，丝毫不用担心宝宝们摔跤。最吸引孩子们的也许就是“山洞隧道”和“山顶滑梯”了，其实都是用光滑的不锈钢做成圆筒和片状，精细地处理掉各种尖角，就成了孩子们最喜爱的大玩具。

这个项目有幸获得了 2014 年度绿地集团内部评选的金奖。

植物配置上多选时令花卉和夏季开花品种。色调上以蓝紫色系为主，需花型独特，能够形成花海景观效果，如醉蝶花、角堇、波斯菊、鼠尾草等。观赏草和湿地植物在选择上强调野趣和独特体验感受，可观其花、叶、形，品种上多选狼尾草、蒲苇、芒草、细茎针茅、千屈菜、二月兰等。

无锡绿地西水东商业软装

COMMERCIAL SOFT DECORATION OF GREENLAND IN XISHUI EAST

设计公司 / 上海张向明景观设计有限公司

设 计 师 / 张向明

面　　积 / 28000 平方米

位　　置 / 无锡市振新路与学前路交会处

准确地讲这是个商业情景化包装项目，但是个人认为，情景化商业包装应该纳入景观软装的范畴，只不过是商业空间的景观软装而已。

该项目是位于无锡市中心的高档楼盘，亮点是区域内有两栋民国时期遗留下来的纺纱厂厂房。红砖红瓦，高大黑色的烟囱，建筑方以此为依据将整条近 200 米长的街道规划为具有民国风情的商业步行街，但是另一部分是新建的极具现代感的钢构玻璃建筑。我们的任务是通过景观软装将两种风格差异较大的两种建筑巧妙地糅和到一起，并营造热烈而且真实的商业氛围。

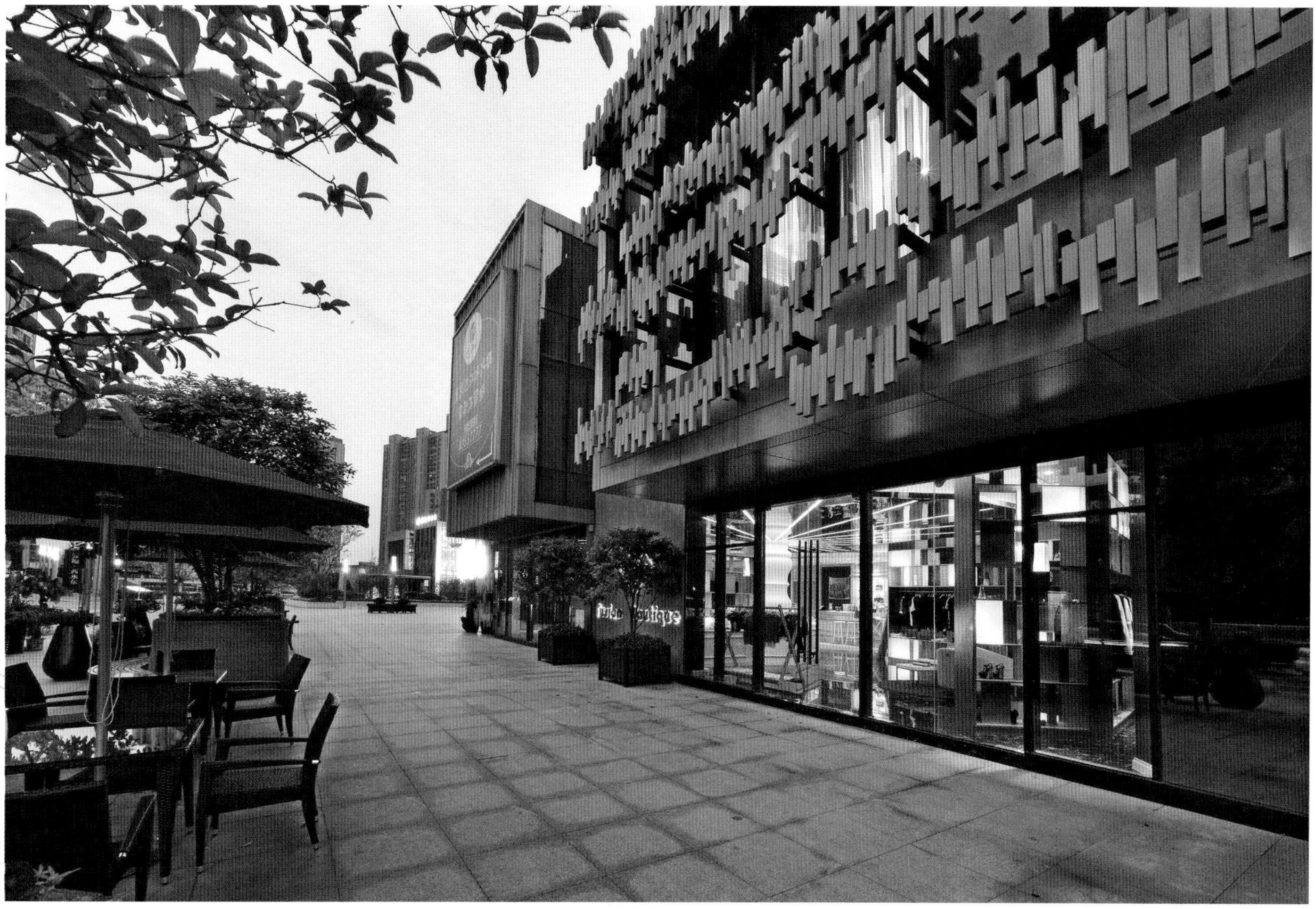

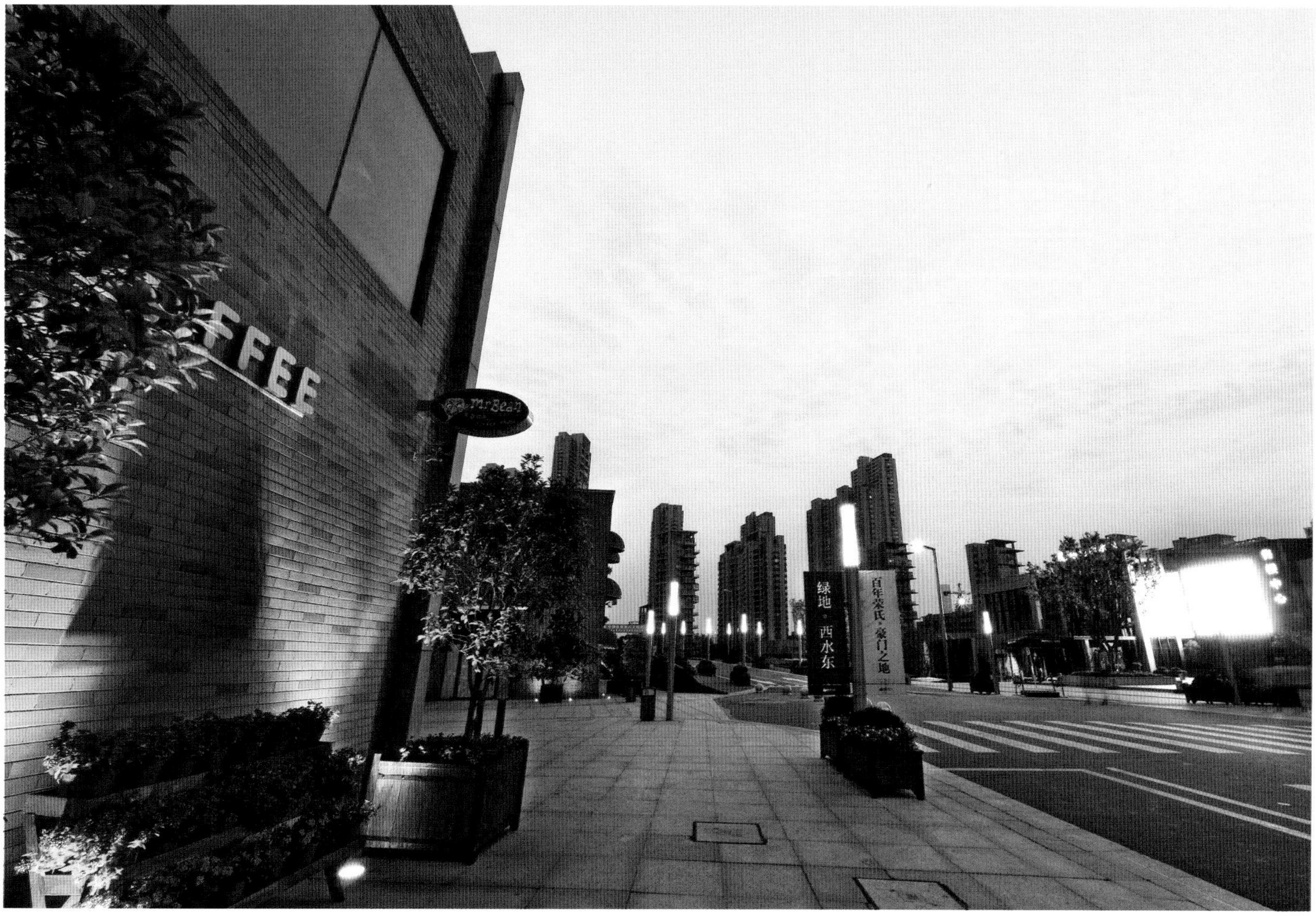
FFEE
Mr.Bean
绿地·西水东
百年荣氏·豪门之地

业态上有与社区生活息息相关的饭店、咖啡厅、茶馆，也有别具小资情调的 SPA 馆、时装店、宠物用品商店等。我们在沿街的每一个窗台上都摆满了玫红色矮牵牛，并加上了或红或蓝的雨棚。桥面上用铁艺挂篮的形式摆满了鲜花，另外电线杆上、楼梯上、橱窗前都是这次景观装饰的重点部位，最大限度让绿植和花卉参与其中，起到了令人满意的效果。

绿地·西水东

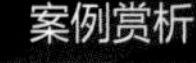

欧式田园户外情调

EUROPEAN PASTORAL STYLE LEISURE

项目名称 / 布莱克威尔花园

庭院中设计了一处带游泳池的休闲区，周围环抱着绿树葱葱，让环境显得清新怡人。天然质朴石板铺设地面，深灰色条文拼接木质沙发摆设泳池一边，搭配深蓝色具有异域风情的池底图案；深色调的遮阳伞遮挡了烈日炎炎，提供了舒适的阳光沐浴。休闲区摆放了两张软包躺椅，周边相映成辉的绿植和花卉成为恰到好处的陪衬，而植物种植区的图案模式，依照泳池底部图案设计，将不同功能区的设计完美地结合一起。

欧式别墅花园的设计与其他形式的风格构造有着极大的不同。植物搭配大部分以绿植花卉为主，园路阶梯设计得甚为巧妙，用厚厚天然石板铺设，两边用石头垒成不同层次的阶梯平台，形成一个独特而自然的坡地景观。半圆的石铺露台之上放置一把遮阳伞和几张铁艺座椅，一边是翠绿的新鲜草坪，一边是低矮的树篱搭配盆景。一个悠闲享受的午后时光就在此处可以体会得到。

来到别墅前庭，弧形的铁架木质遮凉棚下一组粗布条纹桌椅和长凳围绕壁炉之前。泥塑的灰黄壁炉散发出浓浓的地中海风情。浓烈的夏日闲置的壁炉上摆放着精心搭配的花艺和烛台小摆设；壁炉正面又是一处泳池，两旁栽种树状月季与低矮的紫罗兰搭配，色调鲜明层次分明。设想夜幕降临点起蜡烛，配合昏黄的灯光又是怎样的一种唯美浪漫。

前庭设计的中心为一处水景设计，不规则线条的圆形水景台，中间竖起石制花盆，植物选择上由绿植配合白色花朵为主，营造出自然生长的野趣。另一处亮点则是庭院一旁的典型欧式壁泉。做旧红砖打造的天然景墙，搭配白色的藤本月季，与园中的细草完美结合，打造一幅油画般的庭院效果。

纵观整个庭院，古典的欧式风格设计中搭配现代潮流的设计，凸显品味的同时又具有一股强大的自然气息。

漫步海滨花园

THE COANS RESIDENCE

项目名称 / Coans 住宅

设计公司 / Lankford Associates Landscape Architecuture

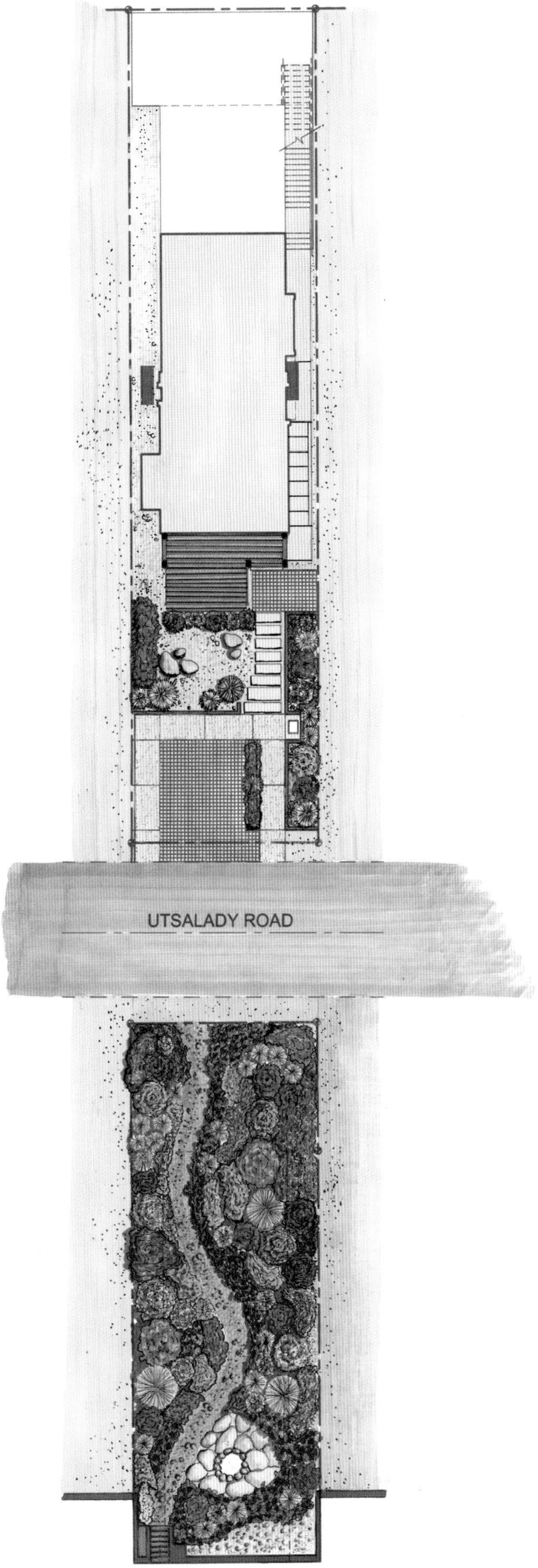

UTSALADY ROAD

这是一座因卡马诺岛住宅翻修而建造的简单的滨海花园，原本的度假小屋被重新布置，成为了主人的现代风格长期居所。在华盛顿州惠德贝岛的雨影效应中，这是一座抗旱且低维护保养的花园。这座小花园的主要部分从海岸线上的住宅区穿过街道，一条岩石小径在两边五彩缤纷的植物花圃的围绕下，一直延伸到水边的的庭院和火盆处。耐旱的鼠李、迷迭香、薰衣草、鸢尾花、蓝色燕麦草、细叶芒、景天、海石竹、天人菊和欧亚麝香草，让这座既抗旱又低维护的花园得以适应滨海环境和条件。这座花园已经成为当地社区的一个焦点，主人庆祝这一花园的落成，众多游客和当地居民也驻足在小径上，并通过小径到达水边。

海岸露台娱乐空间

COAST TERRACE ENTERTAINMENT SPACE

项目名称 / 太平洋海岸公路

这幢位于海边的住宅有着鲜明的地中海居家味道，温暖的杏粉色墙体、蓝色屋顶、蓝白窗户，实在可爱又温馨。既然面对着这么一大片的无限海景，再围个围墙作庭院实在折煞风景，设计师干脆将庭院景观与户外活动区融合在一起，依着地势巧妙展开。

大门前方的入户区由石板道铺开，道路两旁种植比一般草地更高的芦苇，海风吹来，芦苇摇曳，平添了几许动态的自然气息。石板道蜿蜒伸出的岔道则经过房屋后方的泳池，直接绕过住宅外墙连通了面朝着大海的观景休憩区。

房屋的另一面正是所谓的“面向大海，春暖花开”。设计师利用地势的高低错落设置功能区与景观布局，将景观与功能设备巧妙地融合在海边的自然环境中，从而形成错落有致、极具层次感的自然庭院，既有观赏性又不乏实用性。

进门处大面积地铺上户外木地板，一路设置多个休闲区、泳池以及烧烤区，或是露天的木桌木板、或是铁艺布艺、或是藤制椅茶几，甚至混合了伊斯兰式的小亭子，任你选择。取材于当地的大卵石围合在各个功能区边界，泳池设计成不规则的自然外形，更贴心地配备了一个按摩池以供使用。

中东风情户外酒吧

MIDDLE EAST STYLE OUTDOOR BAR

项目名称 / 休伊特花园

设计公司 / The Friendly Plant (Pty) Ltd

这座花园原本是一块空白的帆布——只有几棵树和一块大草坪。

客户要求我们设计一座用于户外娱乐的花园，有便利的娱乐设施，同时为他们的小女儿准备一块能消磨时间的游乐场。并要求我们将野外烤肉区、水池和户外娱乐空间融合到这座花园里。

我们的客户都是一些非常忙碌的商业人士，他们希望居家之时可以放松和享受——他们同样希望可以逃进新花园的宁静之中，与他们的朋友和家人一起共享时光。

男主人在中东生活和工作多年，因此希望花园有一个宏伟的外观同时带一点点中东风格，即一处奢华的私人绿洲。我们通过在硬景观中镶嵌马赛克以及在户外酒吧区增加圆柱，来为花园增添中东感觉。

我们的目标是打造一处热带绿洲，在设计中使用了许多茂盛的绿色植物，中间还点缀有不同颜色的斑点。

按照我们设计的花园，水池尽头的户外酒吧从房子的中庭看过去时，就成了整座花园的焦点。

为了增加一些惊喜，我们在建造水池时运用了小型“垫脚石”，将儿童区的浅池和成人区的深池分隔开来，此外我们安装了喷水嘴，从植物床把水流喷进水池里。这道水流可以很容易从屋子里看见，因此吸引了不少注意力。

我们将火炉区安置在酒吧的左边，而右边则是池边休息区。右边再过去则是儿童游乐区，设有过家家、合成草皮游乐区、立体方格铁架以及“漂浮”走道，围绕着角落里的大橡树。

火炉需要烧木，在使用时带来柔和的光亮和温暖的氛围。使用安装在柱子上的灯具，为整个中庭照明，灯具散发着柔和的光晕，为区域增添了温馨气氛，而充足的照明让人们在夜里也能在花园中尽情享乐。

酒吧区带有顶部结构，由钢骨架和木梁制成。我们利用装在钢骨架上的小型 LED 夜间柔和灯，为烧烤和酒吧进行照明，灯具在夜间带来柔和的灯光，同时也保证人们能在屋子里看到这一焦点区域。

这座花园既是娱乐的好地方，也是与家人共度温暖夏日的理想场所。

木制露台休闲空间

WOODEN TERRACE LEISURE SPACE

项目名称 / Z. Freedman Landscape Design

设 计 者 / Toby Watsons, Toby Watson Architects

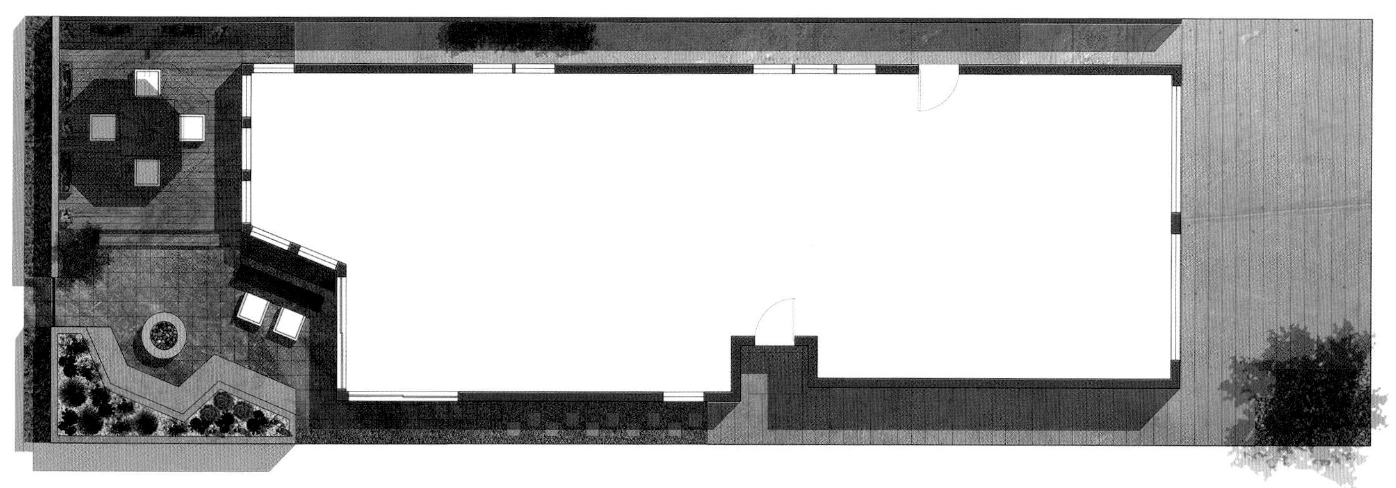

该休闲露台娱乐空间沿威尼斯运河而建，设计上采用了多边形混凝土板凳、火炉、内置存储板凳和一个室外钢花盆生活和遮阳空间，用南方松铺设露台，配合花盆种植区的绿意，色彩上构成强烈的视觉体验，亲朋好友来的时候可以在这里聚会聊天，固定式桌子及户外遮凉棚提供了一个欢聚的娱乐空间，也可视使用情况做调整，泡茶、烧烤都很适合。

就整个露台的空间格局而言，共划分出两个空间：餐饮区和娱乐区。软装配置上，餐饮区选择了防晒耐用的户外遮阳桌椅。地面铺设木质地板，色彩和材质上都算得上绝佳的搭配。种植区则选择钢制矩形大花盆，仿木的色调同铺设相协调。植物选择上，多以耐旱耐热植物为主。

而另外一个休闲娱乐区则更具现代感。多边形的混凝土板凳搭配鲜艳色彩的坐垫。而背后的种植区更以肉肉可爱、具有多种形态和色彩的多肉植物为主体，使整个空间顿时充满了勃勃生机。以天然石材作为地面铺设，中心处放置火盆，即使天气寒冷之时亦可以在户外享受一下暖暖的惬意氛围。

坡地露台休闲区

SLOPING LEISURE TERRACE

项目名称 / 拉斯布里萨 2
设计公司 / Arqui-k
建 筑 师 / Karla Aliaga
摄 影 师 / Ítalo Arriaza
项目面积 / 650 平方米

依据客人的要求，庭院的整体设计突出了有机的合理的人体工学线条。一旦走近外部空间，就可以欣赏到不同的景观焦点。一处休息冥想区域内，有一座由半圆形混凝土搭建而成的花坛，右边是一片供儿童游乐的草地。一台带有照明设备的圆形烤架被安放在第二层，为住户提供一处环视房屋及俯视山谷的舒适场所。第四区的游泳池以制高点的位置，为客人营造出私密的氛围，游泳池还配套了露天平台及按摩浴池，客人可以边享受舒适的按摩，边欣赏周边的风景。

圆形的烧烤露台是整个休闲庭院的重心。白色的圆形外围墙壁，搭配圆形的烧烤台，还有白帆布遮凉棚；石板铺设的台阶延续到圆形烧烤露台之内，色彩和质感上与铁艺的高脚座椅达到完美的协调。

其中值得一提的是灯光的运用，设计师巧妙地将灯光设置在到了两旁，并在不同的区域空间内设置照明灯光。夜幕降临，极具特点又温馨的灯光引导着人们进入不同的休闲空间内，起到了照明的引导的作用。

总体来说，庭院的线条勾勒出了整个项目的空间布局，将不同区域串联起来，贯穿了庭院的整个区域，也创造了独特的视觉联系性。

质朴乡村风情户外生活空间

RUSTIC STYLE OUTDOOR LIVING SPACE

项目名称 / 圣达菲市中心中庭

景观设计 / Catherine Clemens

摄 影 师 / Norm Plate

材料组成 / 花岗岩餐桌、定制长凳、定制烧烤架、海滩鹅卵石（种植区域的地被植物）、镶嵌在灰泥墙中的金属雕塑、波纹状锡制屋顶、压力喷浆（温泉水疗）、染色的混凝土铺装、户外淋浴

圣达菲位于新墨西哥州的高原荒漠中，正经历着地区干旱。设计师利用创造性的解决方法，打造了令人愉悦的户外生活空间，只需要最低限度的用水量。我们方法的基础是在创造户外空间的同时，符合这些围墙庭园的历史性和地区性先例。解决这一问题更加通用的方法是用传统的基于植物的方法进行设计，但使用更加耐渴的品种来代替耐旱植物。并且，我们力图在建筑特色之中创造乐趣，例如：喷泉、带有石纹或者古代窗口格栅的墙体、装饰性的铁块、凸起的石制植物或浅滩，以及装饰性的铺砌。种植区域的面积很小，种满了高效植物，带来多季节氛围或者为种植地提供大量绿色，葡萄藤就是此中的最佳范例。我们的基线设计原则是鼓励客户集中他们的安装预算、灌溉用水和不间断维护时间等的资源。我们鼓励小型而高度精细空间的发展，来对应大范围区域的较小影响。在这一基本设计方针之下，根据客户们的需求，大部分的大街都可以被追踪，特色也可以变得多样化。这座庭园是我们设计原则的完美体现。

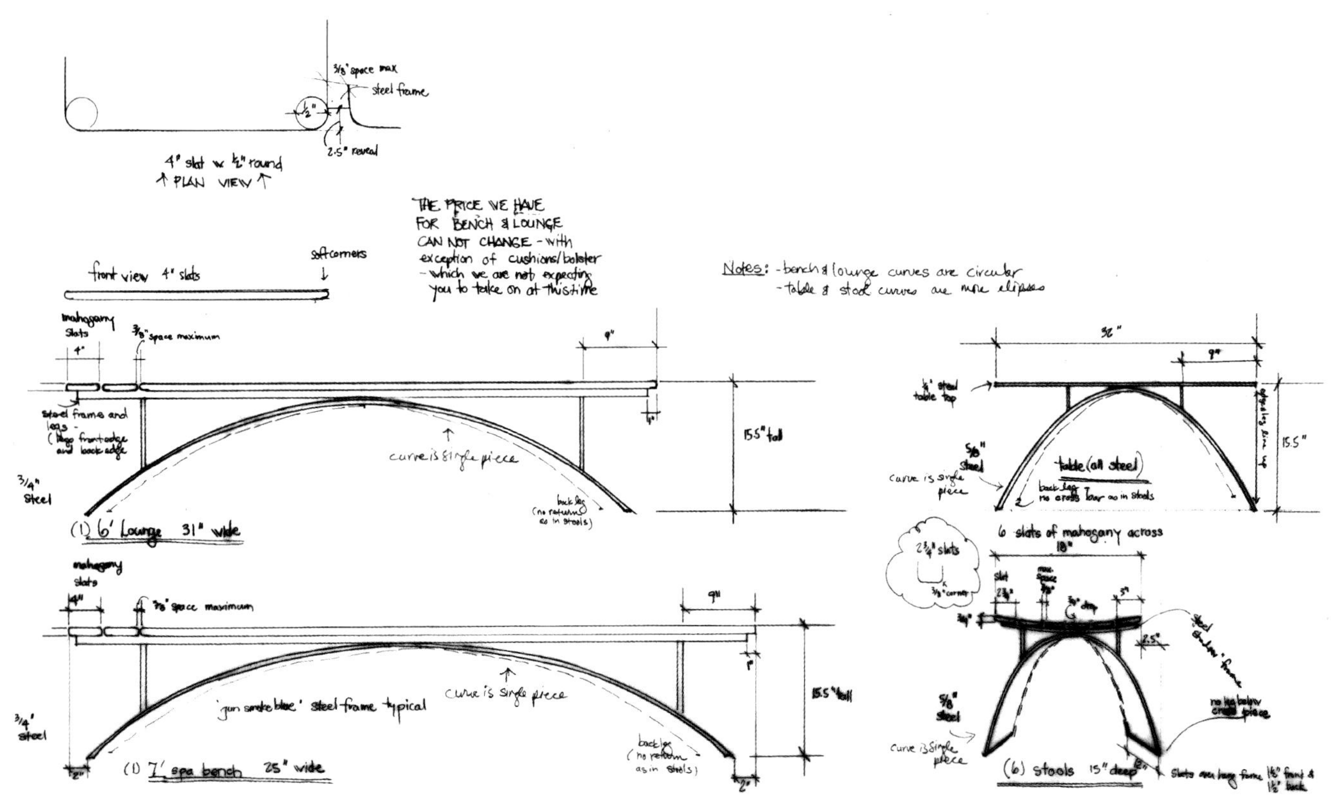

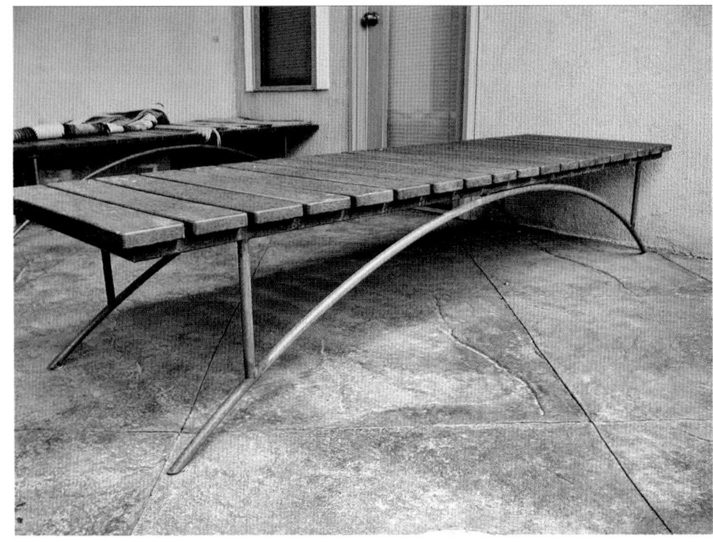

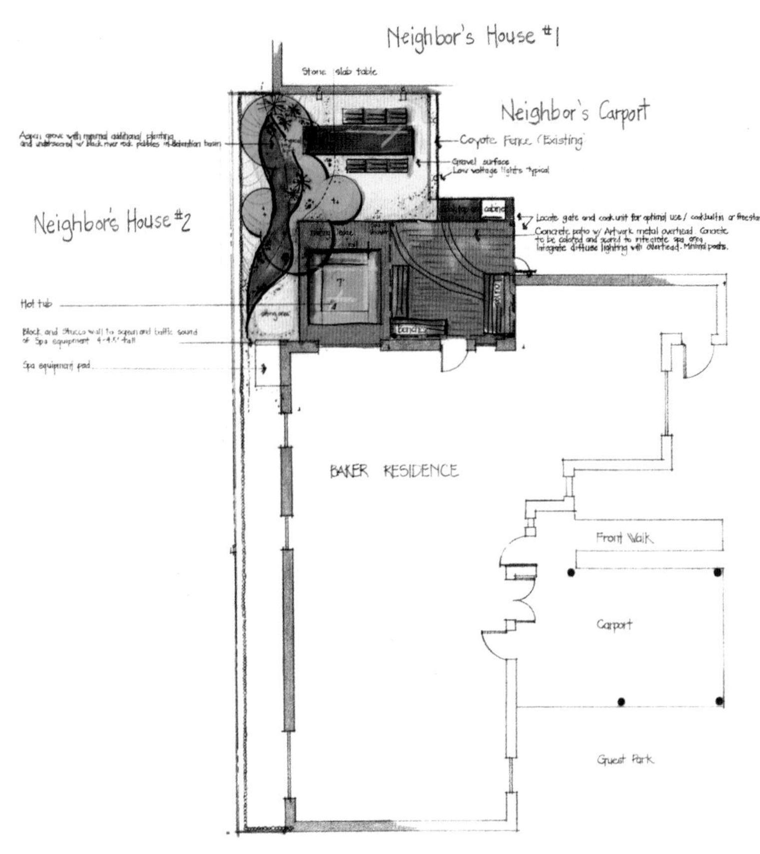

项目庭院位于圣达菲市中心一座小型独立产权复合公寓之中，邻近的建筑紧紧地束缚着紧致空间，邻近的房子形成了庭院的其中一面墙。另外的则体现了一些设计方言，波状的锡制屋顶，一种在本项目中重复出现的材料，带有现代的扭曲花纹。初时，一个在门上的带有地方特色的入口以及一块混凝土楼梯平台，就是这一传统郊狼围场（枯立的雪松标杆）之内仅存的东西。随着项目阶段的进行，此处开始需要压力喷浆掩埋式温泉浴场、进餐座位区，以及门上的装饰性屋顶来替换地方特色的入口并覆盖中庭。业主希望我们的设计能更多一些现代感而不要太“硬边”。

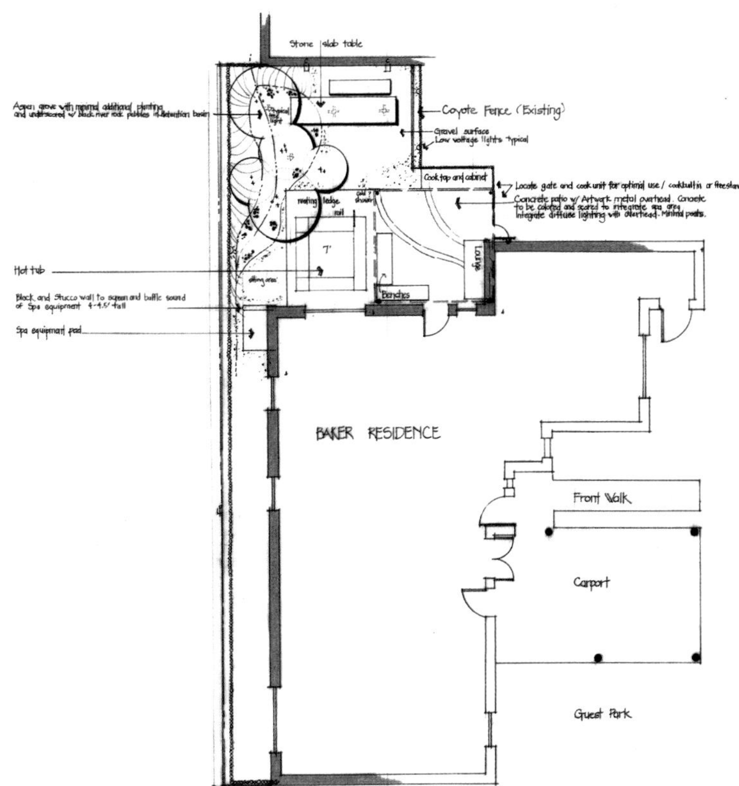

此项目特别过瘾，因为有机会设计一座现代花园，这在圣达菲是独一无二的，填补了现代建筑的空缺。设计意图是通过有趣的天然材料例如石头、金属和混凝土，来创造出一处带有强烈图形画线绘制的可用的户外空间。业主接受了我们的建议，同意场地家具包含在景观设计之中，对结构特点的设计意图进行赞美。一个简单的拱形笔触形状重复出现在波状屋顶的曲线、温泉浴场的扶手以及装饰性窗户格栅之上。热水浴缸后面的半圆钢制部件设计目的在于在业主自己使用浴盆时，支撑庞大的隔热封盖。一张打磨过的黑色大理石桌子安装在定制的钢结构永久基座上，天空倒映在石头上，映衬出浮池的水，重复着温泉浴场的反射几何学。

定制橱柜设计并用钢材进行组装，用樱桃木门覆盖新格栅，户外冷水浴室从新屋顶结构上安装下来，可以让人在热水泡澡之后进行清爽提神的冲洗。ipe 木材和钢凳子、长凳以及懒人被设计用于重复建筑元素的优雅形状。铺装是染色的混凝土，水池石膏是黑色的，看起来又深又反光。光纤照明设备描绘出温泉浴场的轮廓，屋子的角落增添了一堵翼墙，用于在娱乐时放置温泉设备和封盖。装饰性的钢制品设计并安装在墙里，以此增添一点乐趣。

WARM SUMMER OUTDOOR LIFE

项目名称 / 海滨别墅庭院

设计公司 / 生活园林景观设计

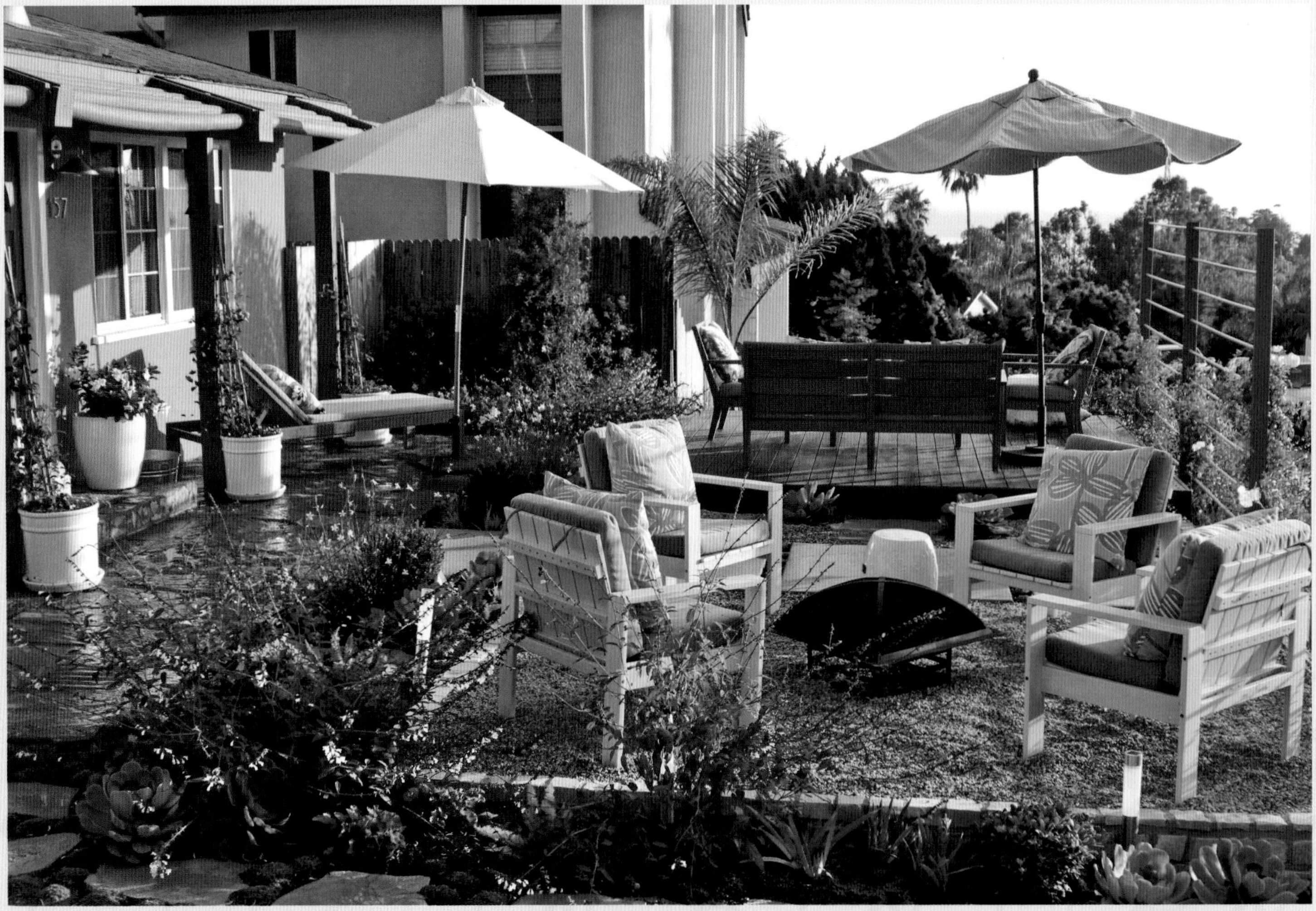

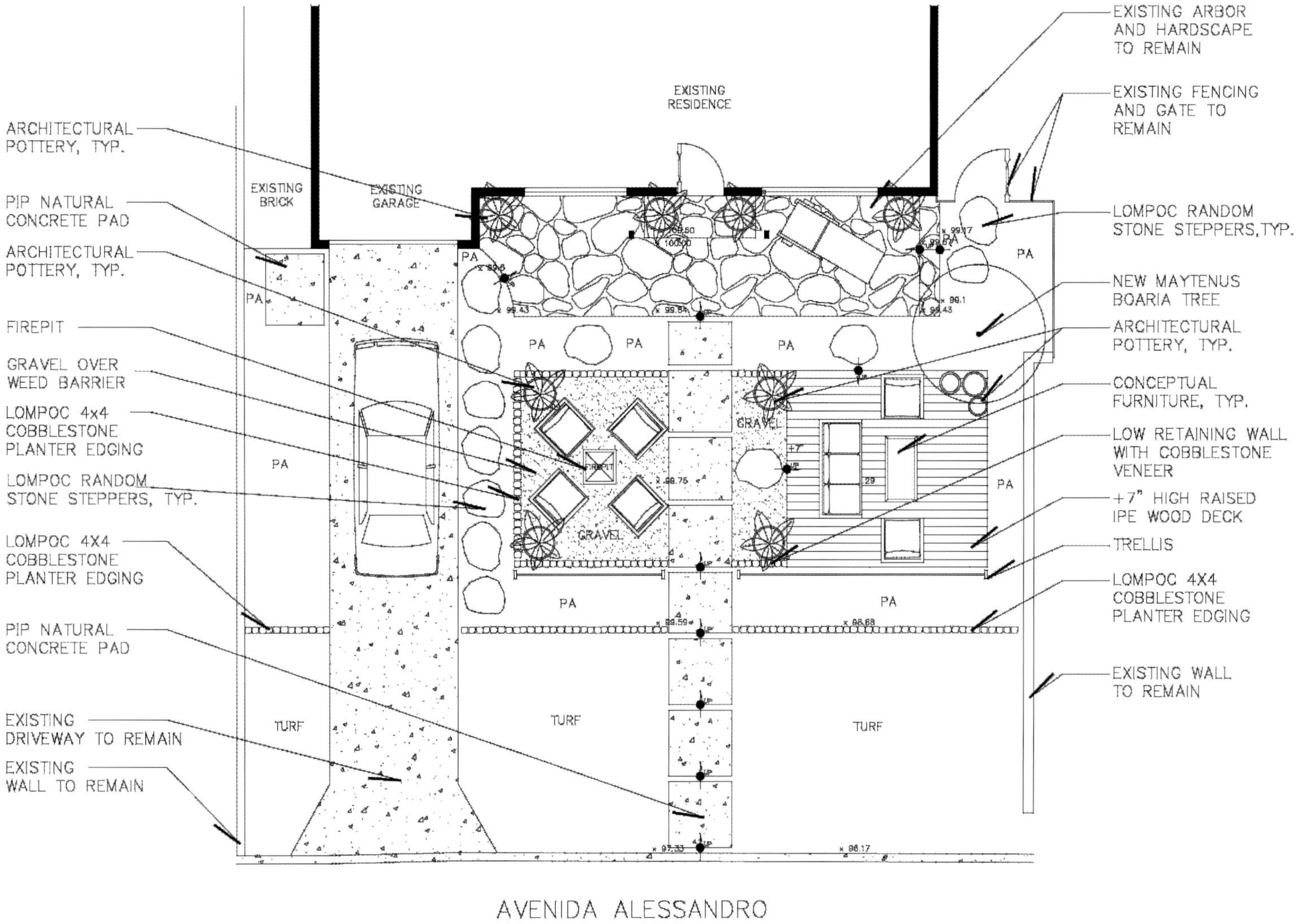

ARCHITECTURAL POTTERY, TYP.
PIP NATURAL CONCRETE PAD
ARCHITECTURAL POTTERY, TYP.
FIREPIT
GRAVEL OVER WEED BARRIER
LOMPOC 4x4 COBBLESTONE PLANTER EDGING
LOMPOC RANDOM STONE STEPPERS, TYP.
LOMPOC 4X4 COBBLESTONE PLANTER EDGING
PIP NATURAL CONCRETE PAD
EXISTING DRIVEWAY TO REMAIN
EXISTING WALL TO REMAIN

EXISTING RESIDENCE
EXISTING BRICK
EXISTING GARAGE
PA
GRAVEL
FIREPIT
+7"
TURF

EXISTING ARBOR AND HARDSCAPE TO REMAIN
EXISTING FENCING AND GATE TO REMAIN
LOMPOC RANDOM STONE STEPPERS,TYP.
NEW MAYTENUS BOARIA TREE
ARCHITECTURAL POTTERY, TYP.
CONCEPTUAL FURNITURE, TYP.
LOW RETAINING WALL WITH COBBLESTONE VENEER
+7" HIGH RAISED IPE WOOD DECK
TRELLIS
LOMPOC 4X4 COBBLESTONE PLANTER EDGING
EXISTING WALL TO REMAIN

AVENIDA ALESSANDRO

该项目位于加利福尼亚亚里索维耶荷。业主想要一个大部分时间都可以在户外活动的小花园，并利用狭小的空间设计一个现代感十足的户外生活空间。与此同时，该花园最好可以尽量低维护，又富有鲜明的色彩。改造之前，阳台以灰色系为主显得压抑，缺乏个性之美。设计师的目标是设计出一个温馨的地方，让屋主可以在工作一天后读读书，或者邀请几个朋友来一起来烧烤和品酒。

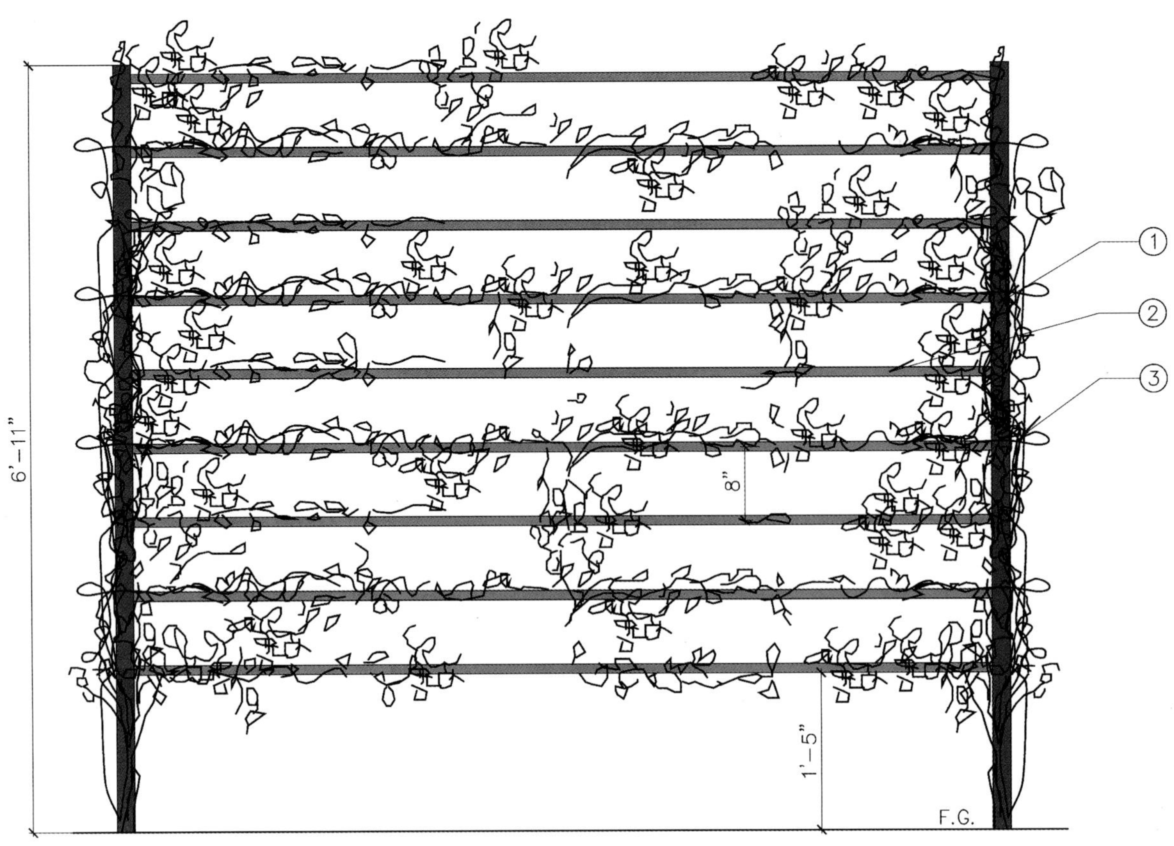

TRELLIS ELEVATION

LEGEND:

① 2X6 WOOD POST, PRIMED AND PAINTED TO MATCH EXISTING HOUSE ARBOR

② 1" METAL TUBING, 8" SPACING O.C.

③ PANDOREA ALBA VINE TRAINED TO GROW ON TRELLIS

设计师增加了一些棕色扶手藤椅和软椅作为休憩之用。由于业主希望阳台拥有一丝海洋风，于是在空间中增加了一个绿松石和波纹地毯。俏皮的枕头提亮座椅，而与阳台相对的大靠垫为客人提供更多的休闲场所。佛像带来宁静的冥想意境。绿松石灯笼同小巧的多肉盆栽组合，使庭院显得更加精致。

夜幕降临，蓝色、绿色的太阳能灯照亮了整个庭院。植被多选可适应南加州海岸气候植物，尤其是多肉植物，不但可以减少维护、且耐旱能力极佳，如树莲花属植物、大叶莲花掌、驴尾草、拟石莲花属植物、贝哈伽蓝和灯心草。该庭院充满了温馨，热情和乐趣。

摩洛哥风格庭院

MOROCCAN STYLE COURTYARD

设计师 / Jeffery · Bell

受到聘请，为一个庭园的翻新项目设计马赛克铺地和喷泉，该庭园是由一位波兰景观建筑师和他妻子设计的。在这里，考虑到其新客户Brooke 曾经在摩洛哥这个美丽的国家度过了一段美好的时光，并且收藏了一些色彩别致的摩洛哥地毯，因此，设计师选择以摩洛哥风格为主题进行设计。

由于土壤中的黏土比例一直很高，许多原设计中种植的植物都不能茁壮成长甚至枯死了，而原来的草地也变得凹凸不平，还留下了一个由于大松树的倾倒而造成的大洞。因此，Jeffrey 要对花园里的几个区域重新修整。为了掩盖那堆松树的残根，他们购买了一间漂亮的印尼茶寮置于在庭园中。此外，Jeffrey Bale 还修建了一个摩洛哥风格的煤气火炉，移走了那些坑坑洼洼的草皮，并搭配大量的碎石、马赛克踏步石，同时还将越南和泰国褐色釉面陶瓷花盆种植的多肉植物和凤梨科植物取而代之。

第二年春天，Jeffrey Bale 对下沉式庭园中的墙壁进行了填充和粉刷，以与屋子相搭配，与四周的植物相映衬。与四周丛生的其他花木不同，为了突出各式各样的芦荟和多肉植物，同时增加花床的高度，设计师特意增加了一些花盆的使用，同时搭配了一些不易受重黏土影响的耐旱植物。Jeffrey Bale 加建了一个弧度简单的小壁泉，从壁泉流出来的水会落在前方的石碗里，满溢后将会流到一个容量有 75.71L、顶部罩着一层烧烤格栅、表面由鹅卵石覆盖的垃圾桶中，并发出悦耳的流水声，掩盖了洛杉矶周围交通的噪声。一位做装修的朋友采用一些金色的摩洛哥瓦制板来围住墙的顶部，使它跟圆形马赛克的颜色更加搭配。设计师又购买了一张摩洛哥式的瓦制餐桌和几张铁椅，还添加了一些带抱枕的木雕矮椅子使屋子更加舒适。

本案最主要的设计在于那条从外面一直延伸到下沉庭园里面的鹅卵石马赛克台阶，其堆砌方式十分巧妙，好像制作一个千层蛋糕，先在头天晚上将鹅卵石纵向排成一排排的，隔天再以同样的方式再堆砌一层即可。台阶完成后，设计师对凹地的内壁进行了粉刷，并在壁内埋下了照明电线和喷泉管道。为了便于排水，凹地的地表铺上一层厚厚的碎砾石，其表面再覆上一种名为“Del Rio Mix”的暖色圆形砾石，简洁而美观。

凹地呈圆形，在较阴凉的一侧，设计师种植了塔斯马尼亚树蕨，而在日照较为充足的一侧则种植了苏铁，簇拥着大量的杂色山菅和狐尾武竹。这样的配置方式，使植物无论是偶尔的阴天还是烈日高照，既能适应那里的土壤条件，又能吸收因灌溉不均而产生的多余水分。由于庭园是下沉的，因此这里比园子里的其他地方更加清凉，在炎炎夏日形成一个非常舒适的休息地。通过各种别出心裁的设计，原本十分不起眼的角落成为整个庭园中最令人惊喜的地方，为人们提供了一个可惬意享受茶点、可放松身心、或者逃离喧嚣的最佳去处。

红色阶梯庭院

RED STEP COURTYARD

项目名称 / 厨房别墅

建 筑 师 / House + House Architects

设 计 师 / Cathi House

摄 影 师 / Steven & Cathi House

面 积 / 232 平方米

该处住宅位于墨西哥历史悠久的殖民小镇圣米格尔德阿连德。这一新增的改造住宅将三个不同的住宅变成为一个占地 232 平方米的现代住宅。庭院房屋之内充满自然光线，并采用大胆的色彩和丰富多样的材料装饰。

从街头厚厚的灰泥墙壁到开敞的松木大门连接着一条长长的玫瑰色台阶过道，台阶不断地上升延伸到户外露台和郁郁葱葱的花园。而整个空间的第一层包括了客厅，餐厅，厨房，客房和手工定制的专业厨房，并配备了一系列专为烹饪班打造的充满艺术气息的厨具。楼上的主人套房上铺贴“博韦达”天花板砖，营造一个温暖的空间。

彩色混凝土弯曲柜台和装饰瓷砖壁画环绕整个浴室空间。黄色搭配深绿松石色调用于墙壁和空间相互反衬，并提供一个优美的艺术环境。

庭院铺设采用深浅两种颜色的卵石，拼成宛如花朵般的样式；就连庭院中心的两颗树木周围都考虑到用同色系的砾石做装饰。一旁的水景，水波流动，周围摆放各式各样的盆栽和小摆设，不但色彩上协调统一就连材质都很细致考究。

小小的庭院也分为上下两层空间。较高的一层设有水景和木质椅子；下层空间摆放一张四人桌椅，温暖舒适的午后在此可以边享美食，边惬意闲谈。

远离喧嚣的鸟巢庭院

THE NEST COURTYARD AWAY FROM THE HUSTLE AND BUSTLE WORLD

项目名称 / 卡内基山别墅

设计公司 / Nelson Byrd Woltz Landscape Architects

一层花园被银杏从中间分开。左侧是安静的角落，有着鸟巢一样的编织凳子。室内石材地板一直延续到花园深处的循环喷泉前。俯瞰一层花园。材料色调丰富多彩。

这个房子有四个花园，这里是全家人的避难所，年轻的父母希望自己的孩子在这里学到关于昆虫和鸟类的知识。巢，是这里的比喻。这里能感受四季，认识各种物种并了解它们。这里是城市环境中的原生植物绿洲，让人身临其境的体验关于自然的一切：水，动物栖息地，植物，花盆，道路，家具都无一不协调统一。

一楼的院子房子主要起居空间的延伸，这里满是葱郁的绿色。植物的阴影落在地面上，墙面上趴着常春藤。一排银杏树将空间分成两个部分，加深了景深。铺装轻轻深入尽头，停在循环式壁泉前。旁边是超大的刺槐木支撑的编织椅子，就像一个鸟巢一样，坐拥在苍翠的鸵鸟蕨和夫人蕨灯蕨类植物当中。这些植物在施工前就有了，施工时被转移，施工完成后在重新栽植回现场。

四楼儿童花园，柚木挡板挡住邻居，实现为儿童提供一个安全的奇幻天地。

柚木条的垂直墙遮蔽附近住宅视线，同时固定在上面的大黑板与其它固定在墙上的植物形成有趣的对比。这里的常绿多年生植物让空间充满活力。最上层的花园，围着柚木制成的保护栏，这也是屋顶花园的形象工程之一。有些柚木条稍微向内凹陷，这些不同造型的柚木条形成迷人的光影，最上面的屋顶花园有两层，通过一个节点优美的楼梯相连，楼梯扶手是柚木的，用钢缆做保护线，踏步则是青石板。柚木保护栏有着滑动面板，打开之后可以看见附近教堂的尖顶，这使得屋顶花园的空间感瞬间改变。夏日清晨，闭合的柚木栏板为花园带着遮阴。沿露台北侧设置了绿色的植物屏障。

◀ 六楼的垂直绿墙宛如艺术品。临近绿墙放置了儿童沙池。这里还在儿童接触不到的地方种植了草莓和药材。

▼ 可开启的柚木栏板，开启后可以看到附近教堂的尖顶。

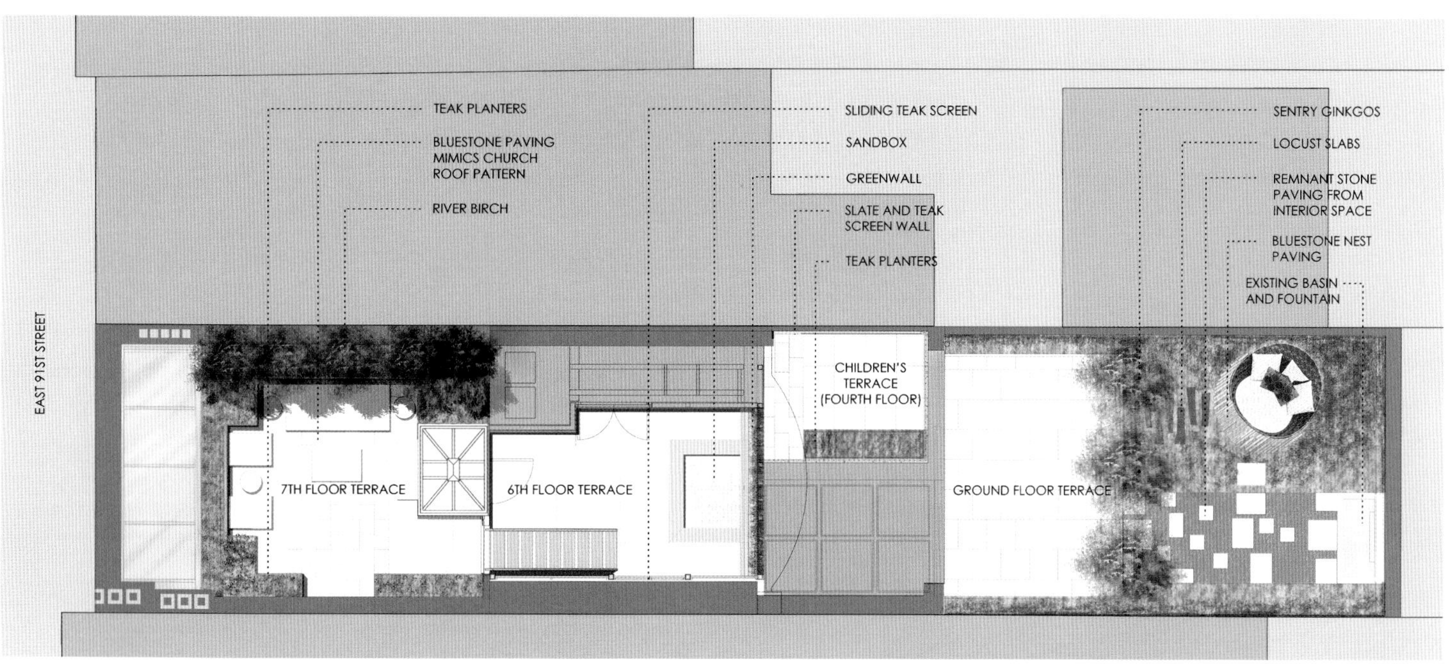

可开启的柚木栏板，开启后可以看到附近教堂的尖顶。木材动态精致的细节。这是受到自然界鸟巢形态的启发。

原生草本植物就是 7 楼露台世界和外面环境的半透明屏障。

地板的铺装方式仿佛和附近教堂屋顶的石材连接在了一起。七楼的植物主要是本地多年生芳香植物还有一列河桦。

从稍低一层的屋顶花园上到上一层，就会越过柚木栏板看见露台和整个城市空间连在一起，就像接壤般，屋顶花园的青石板通往教堂的石屋顶。墙上的多层次种植让空间更为丰富，西侧的桦树挡住西晒，喜阳的草甸草生机勃勃。繁茂的自然子午与精致的柚木围栏形成鲜明对比，这是中央公园附近一个有着丰富感官体验的花园。

外观呈阶梯状的花园内部有着靠着花盆放置的低矮家具，让人身处纯粹绿界。

屋顶魔幻花园

SYDNEY CITY ROOFTOP

项目名称 / 悉尼屋顶花园

设计公司 / Secret Garden

设 计 者 / Matthew Cantwell

摄 影 师 / Jason Busch

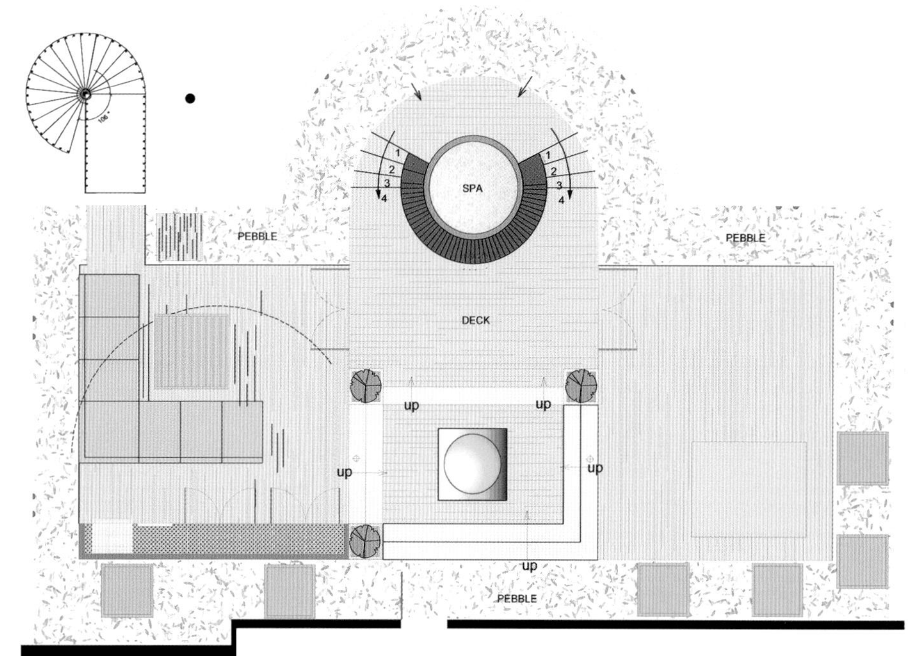

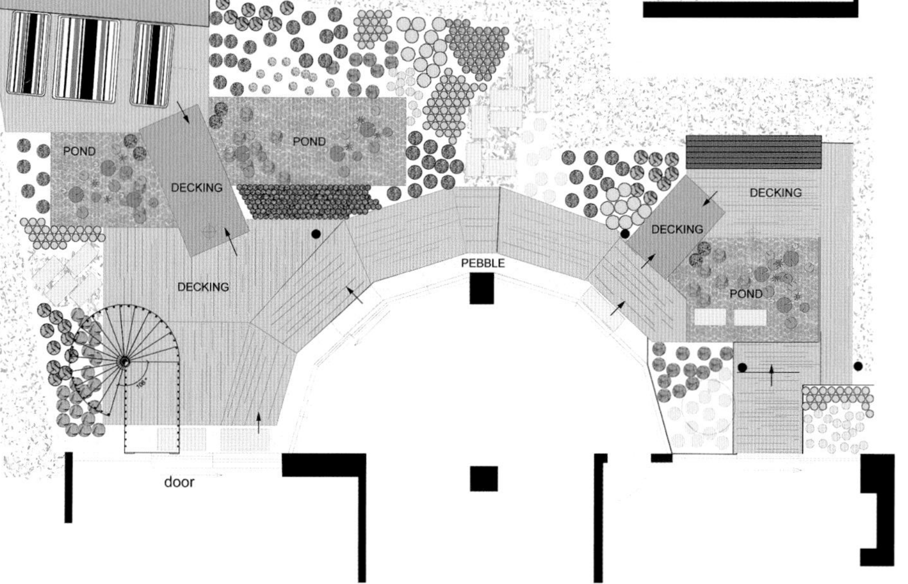

这座魔幻花园位于悉尼一座摩天大楼上相当高的位置，它是屋顶花园的杰出代表。在美丽的海港城市悉尼，园林设计机构秘密花园在摩天大楼第 25 层露台上建造了惊人的屋顶花园，置身摩天大楼之间，既可俯瞰城中景，又能远眺海岸风情。

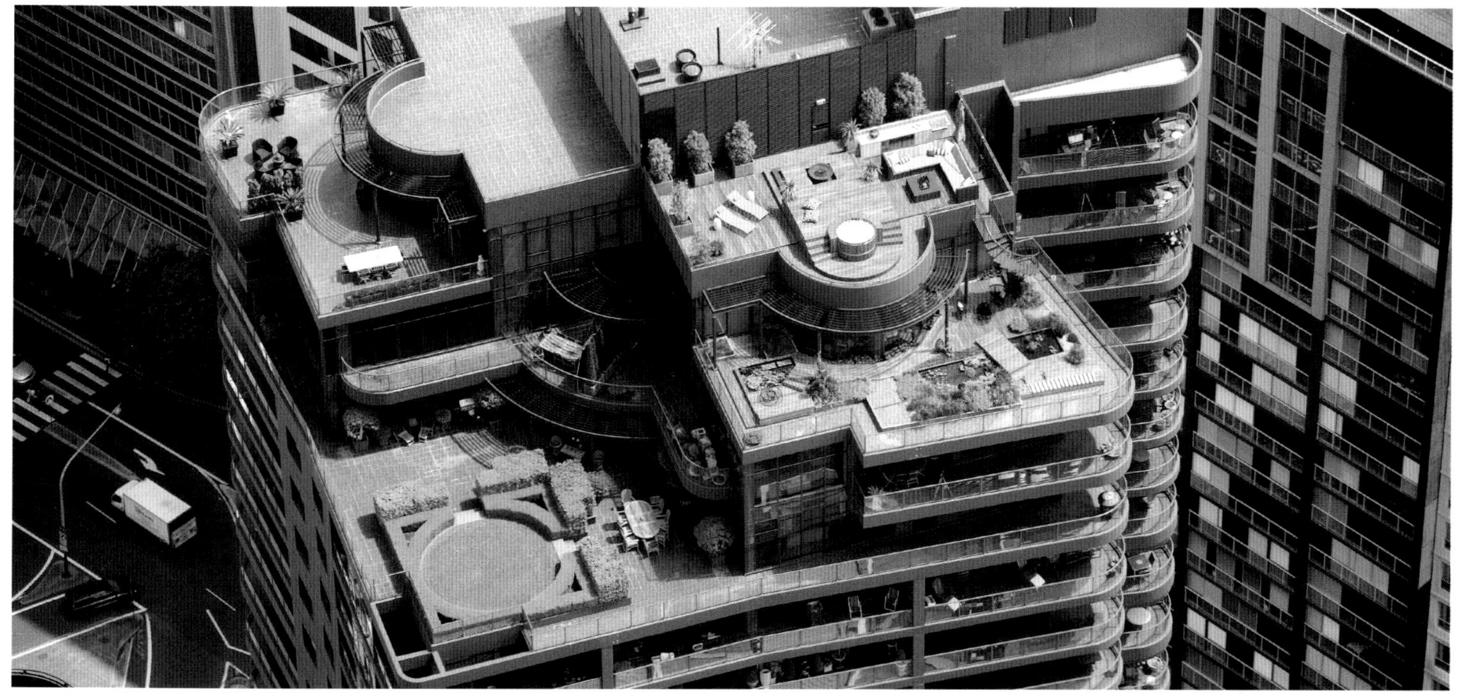

现有的阳台上瓷砖与建筑物的外部结构都保留了下来，而所有的材料和植物选择都需要与之搭配互补。简洁的线条和布局设计，木制铺设地板上放置两张躺椅，旁边摆设两张中式圆凳，亦可当作小桌子，摆放酒杯和果盘使用。上层花园设有浴缸、水景喷泉和沙发休息区，棕色仿藤沙发座椅搭配条纹靠枕，时尚精纯，又防晒耐用。四周采用盆栽绿植做装饰，花盆本身与其中的卵石装饰和地面的铺设相同，区分空间界限的同时在视觉上也与整个建筑物相一致。该区坐落在城市的中央，可欣赏到悉尼港的壮丽景色和悉尼歌剧院。

通过螺旋楼梯向下一层，同样采用木制地板铺设，并设置了种植区和水池。种植区里栽种着浪漫的鸢尾花和薰衣草，黄杨围绕成树篱，锥形的灌木也为花园增添了更多情趣。面积不大，但足可让人放松片刻。楼梯与水池边摆放着特色的钢化玻璃桌椅，色调上与楼梯和阳台相同。

而材质选择上更与装饰用的灯笼搭配，达到异曲同工之妙。而沿边角落的休息区是最值得赞赏的一处。凸起的木板铺设形成一条长凳，其上放置同样的条纹坐垫，而背后的木制地板是可开启和闭合的。开启的时候可当做长凳的靠背，闭合时就是一处平坦的露台，从此可以看出设计师的心思细腻。

再下一层，一处外方内圆的草坪是最大的亮点。草坪是人工的，不需要水和太多的维护。草坪一旁设有可容纳多人的木质桌椅。炎热的夏天，眼前绿意盎然的草坪和树篱带来一丝丝清凉。

绿色主体庭院空间

GREEN COURTYARD SPACE

项目名称 / Ashburton House
设计公司 / Jim Fogarty Design
设 计 师 / Jim Fogarty

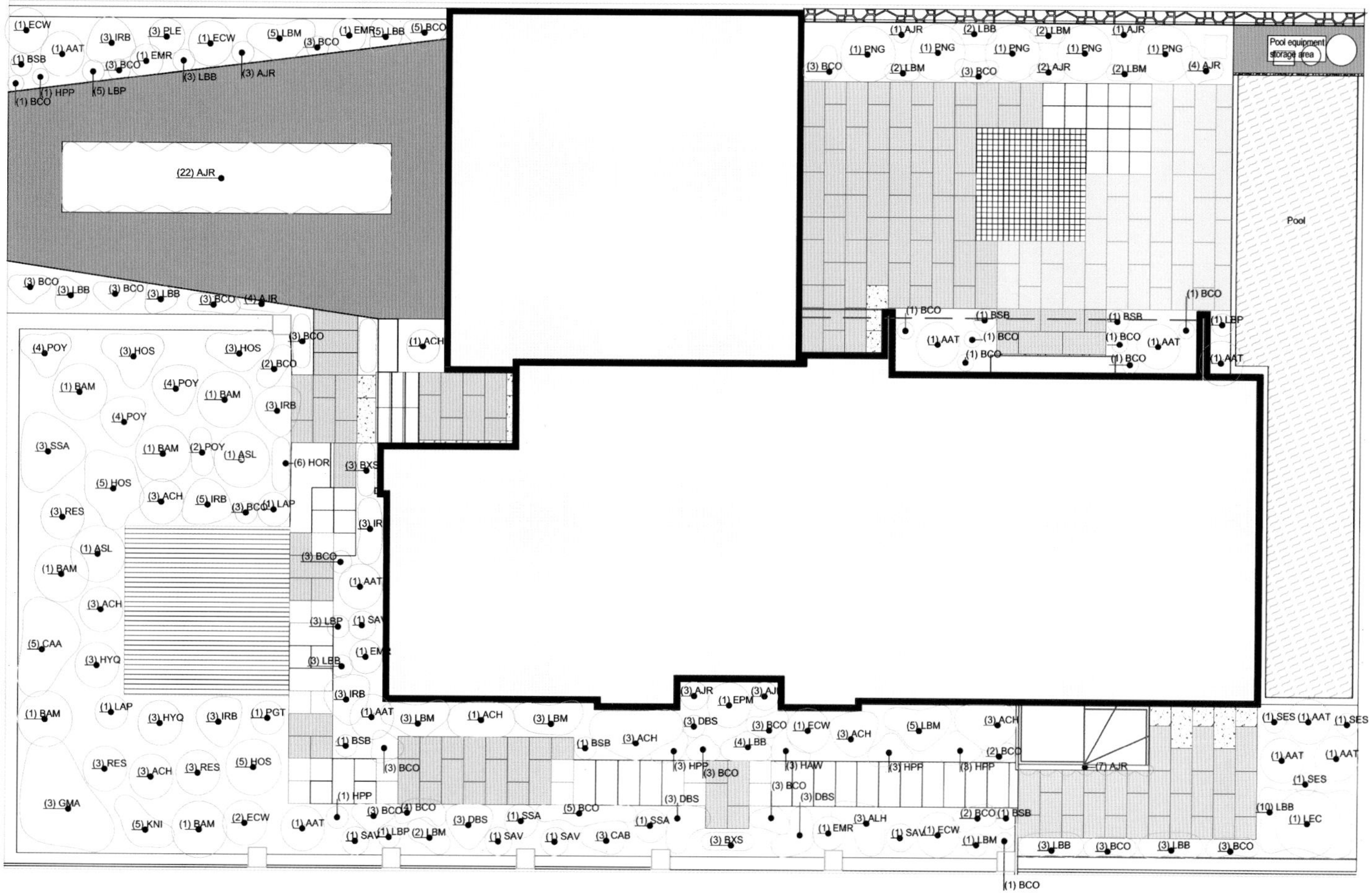

Jim 打算在设计这座小花园的时候让硬景观的颜色保持单纯，通过白、灰、黑各色的混搭，硬材料在花园各种各样有趣的植物中形成一幅简单的背景。

铺砌：

由于房子是双层的，铺砌布局展开从而在第二层俯瞰的时候显得更加有趣。在设计时避免直线路径，同时在块装之间运用不同颜色，使它们相互连接。在水池庭园里，一方块的裂面青鹅卵石被利用来软化并消除潜在的院子小空间带来的局促感。鹅卵石间的填补物同样标志了从四面八方汇聚而来的集中在庭院中心的视线。

娱乐空间：

为了使庭院空间最大化，Jim 采用了车库空间来作为娱乐空间。通过将车库里的白色氟代等换成红色的，车库在夜里转变成了类似于潜水艇，连同 PVC 和用于各种用途的铜管，为房屋的内部工作做准备。

水景：

车库和庭园之间的分割物是一条 1.2m 长的棍条，同时也作为水池的安全护栏。酒吧墙和池塘水景墙都被双面凿刻过的火山岩石包裹着，水顺着水景跌落到下面的池塘，在夜里的灯光下营造出波光粼粼的效果。

竹篱：

竹池篱笆是不符合规定的池塘篱笆（已经有针对围栏、大门金属自动关闭门的水池安全条例）。这片竹篱是中级安全篱，Jim 在 2008 年他的第一个女儿 Lilly 出生后，将其安装作为安全支援。篱笆可以在短时间内被拆析，由三块面板组成，相互之间互锁在一起。从花园中获得的竹子则作为篱笆的支柱。

照明：

在白天，这座现代花园与房屋很好地融合在一起，而到了晚上，Light on Landscape 公司创新性的照明让花园柔和的颜色转变为一处适合任何活动的户外娱乐区。蓝色灯光照亮了栏杆下面的双面凿刻火山岩石，而另一盏蓝色 LED 灯在户外淋浴上照耀下来。上照灯为紫竹注入生机，蓝色池灯将花园笼罩，营造出一个环抱空间。通过利用车库空间，主人可以邀请更多客人，这是一个使有限空间最大化的好方法。

景观木台和植物花卉：

对于前庭，Jim 打算建造一座大型花坛，在里面种植许多有趣的绿叶植物。既不允许添加更多的铺砌，也不愿意刈出一块小草坪，Jim 漂亮地在绿叶植物中编入了一块黑斑浮动景观木台。一个 10000 升容量的雨水槽被隐藏在前庭的地下用于灌溉。

简约布局日系花园

SIMPLE LAYOUT JAPANESE INFLUENCE GARDEN

项目名称 / 常规后花园

设计公司 / Garden Design Asia

设 计 师 / Jim Fogarty

这座花园有着现代的设计，简约的布局，适合作为正规后花园的外形尺寸。将日式设计和澳洲生活方式融合起来的元素是一座亭阁，参考了京都的寺观园林和被炉进餐模式，餐桌置于地板上，客人就坐时把脚伸到地下。被炉进餐在日本非常受欢迎，同时一些餐厅也是用这种进餐模式，许多家庭同样在榻榻米风格的房屋中使用被炉。餐饮区的座位靠背由户外织物布料制成，作为长枕用魔术贴黏在木椅子上。木椅子的材料是拼装的当地栽植木材，在纹理上溅泼了非常精细的浅灰色。京都的寺观园林是绿色花园和禅意花园占主导地位，避免鲜艳夺目的颜色。我为自己的栽种主题带来的这种影响在于我最低限度使用颜色，反过来依靠轻微的杂色变化和叶子形状来代替，从而培养栽种兴趣。沿着花园边布置的私家座位被专门设计的很低，这样你就能坐在上面感觉自己很接近地面，同时腿部能简单而舒适地弯曲。

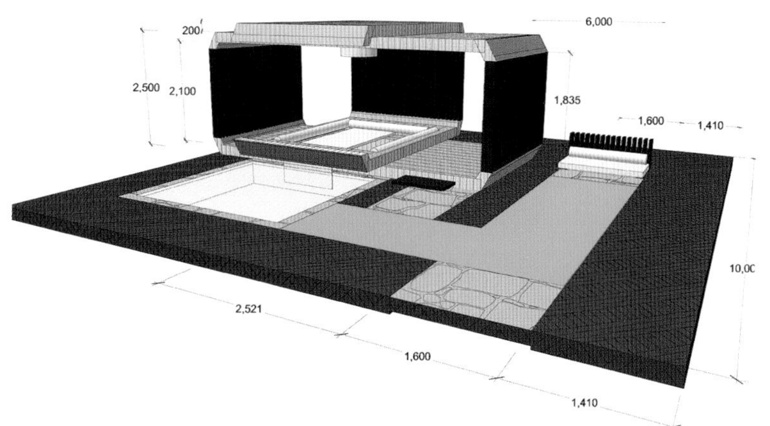

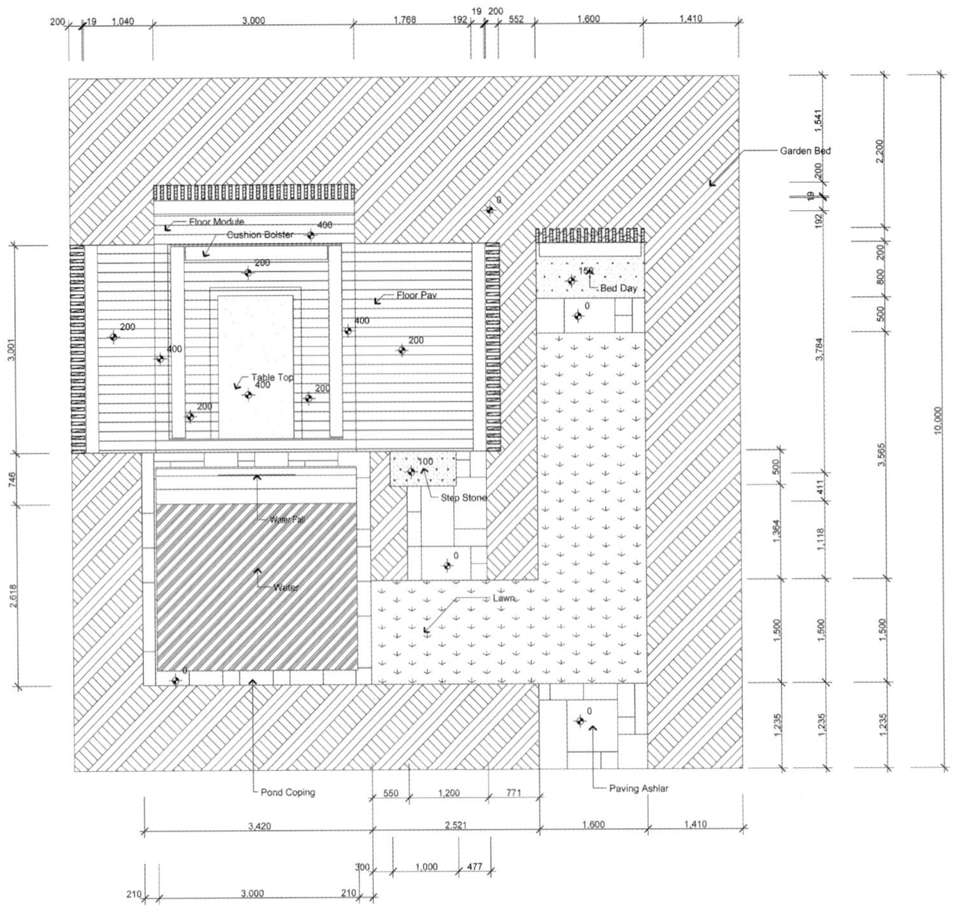
Garden Bed
Floor Module
Cushion Bolster
Floor Pav
Table Top
Bed Day
Step Stone
Water Fill
Water
Lawn
Pond Coping
Paving Ashlar

进餐组件

花园的中心是一组进餐组件：一个带有休闲用餐区的现代建筑，在平静的池塘中映出倒影，让人们在饮食之余进行休闲娱乐。日本文化对于现代的喜爱，使得这一身段优美的建筑变得顺理成章，既有强烈的历史感和日本文化痕迹，又结合了澳洲对于户外娱乐的热爱。模块与遮阴庭互相连接，几乎相当于一条链上的两个链接，这一想法在于每当有人坐在桌子旁，就会感到与外界隔离，感觉几乎就是漂浮在周围的花园上。

水景

进餐区域下的瀑布表现出与好伙伴之间和蔼温厚的交谈，隐喻地为池塘添加了积极的思想及和平的信息。池塘被设计成反射池，与和平的主题相对应，在进餐区域下面把水抽上来然后跌落在桌子尽头的一片水中，以此产生水从桌子尽头流出并流回到池塘的幻觉。

铺砌

为了打造现代而干净的外观，我们利用 300 毫米 x300 毫米的黑色板岩进行铺设，并把其中的一半切割成 150 毫米 x300 毫米的尺寸。通过两种尺寸板岩的使用，我们得以创造出一种随机效果铺砌模式，从而避免出现连续的灌浆线，还能使铺砌相比标准铺砌模式看起来更加独特一点。黑色铺砌在天气热的晴天很容易吸热变得高温，但少量的铺设在一座现代花园会显得干净而强烈。

私家花园椅

一张小型而低矮的日式花园椅，为花园带来一处更加隐私的地点用于私密谈话或者思考。椅子的高度只有 150mm，坐在上面让你感觉到仿佛坐的离花园非常近，像这样的一张矮椅子还激发了人们放松的心态，但重要的是带来了日式榻榻米风格的生活。

创造一个和平的种植主题

花园里有明显的和平色彩，例如彩虹色和纯白色的运用，但我想通过运用减弱的叶子颜色来打造一座非常平静的花园。在叶子上有一些颜色很突出，我在选择杂色叶子的时候注意到它们，与纯绿色背景幕形成对比。我运用的突出的花卉颜色是蓝色，因为这是冷色，作为冷静的情感和工作在一些微妙的金色斑驳颜色之中是更加合适的。

用树篱作为遮屏

我们只能在规定的预算之内建造花园，一旦将进餐亭的费用计算在内，就没有太多预算留给其他的建筑元素了，例如墙体和遮屏。为此，我们采购了茂密的遮蔽树种来构成一块巨大的背景树篱。一旦遮蔽树种被种植下去，为了整洁的效果，顶部将修剪成所需的高度。

图书在版编目（C I P）数据

庭院软装 / 张向明主编. -- 南京 : 江苏凤凰科学技术出版社, 2016.1
ISBN 978-7-5537-5633-2

Ⅰ. ①庭… Ⅱ. ①张… Ⅲ. ①庭院－景观设计 Ⅳ. ①TU986.4

中国版本图书馆CIP数据核字(2015)第258046号

庭院软装

主　　编	张向明
项目策划	凤凰空间/官振平 罗瑞萍
责任编辑	刘屹立
特约编辑	官振平
出版发行	凤凰出版传媒股份有限公司 江苏凤凰科学技术出版社
出版社地址	南京市湖南路1号A楼，邮编：210009
出版社网址	http://www.pspress.cn
总 经 销	天津凤凰空间文化传媒有限公司
总经销网址	http://www.ifengspace.cn
经　　销	全国新华书店
印　　刷	广州番禺艺彩印刷联合有限公司
开　　本	965 mm×1 194 mm　1 / 16
印　　张	15.5
字　　数	124 000
版　　次	2016年1月第1版
印　　次	2017年3月第3次印刷
标准书号	ISBN 978-7-5537-5633-2
定　　价	258.00元（精）

图书如有印装质量问题，可随时向销售部调换（电话：022-87893668）。